Hery Mezones Santana
Erik Gabriel Villavicencio Cedeño · Miguel Ángel Choez Chele
Miguel Alfredo Fienco Jalca · Luis Alfredo Gutiérrez Sánchez

Temas Selectos de Matemática Superior

Hery Mezones Santana
Erik Gabriel Villavicencio Cedeño · Miguel Ángel Choez Chele
Miguel Alfredo Fienco Jalca · Luis Alfredo Gutiérrez Sánchez

Temas Selectos de Matemática Superior

Ingeniería

PUBLICIA

Imprint

Cover image: www.ingimage.com

Publisher:
PUBLICIA
is a trademark of
Dodo Books Indian Ocean Ltd., member of the OmniScriptum S.R.L Publishing group
str. A.Russo 15, of. 61, Chisinau-2068, Republic of Moldova Europe
Printed at: see last page
ISBN: 978-620-2-43267-2

TEMAS SELECTOS DE MATEMÁTICA SUPERIOR

PARA INGENIEROS.

Hery Mezones Santana. Ingeniero en Sistemas por la Universidad Laica Eloy Alfaro de Manabí, Egresado en la Maestría en Investigación de Tecnología de la Información por la Universidad Técnica de Manabí, Ecuador. Actualmente Consultor de T.I y Docente Unidad Educativa José de Anchieta Fe y Alegría #3.

Erik Gabriel Villavicencio Cedeño. Ingeniero civil, especializado en estructuras graduado en la universidad técnica de Manabí, Master en estructuras por la Escuela Politécnica Nacional. Realizado múltiples trabajos en consultorías en el área de análisis, diseño, evaluación y reforzamiento estructural tanto en hormigón armado t acero estructural. Actualmente es docente contratado en la Universidad Estatal del Sur de Manabí, Ecuador.

Miguel Ángel Choez Chele, Licenciado en Análisis de Sistemas por la Universidad Laica Eloy Alfaro de Manabí, Magister en Docencia e Investigación Educativa por la Universidad Técnica de Manabí, Cursando la Carrera de Economía en la universidad Técnica de Manabí, Experto en Gestión Organizacional y Liderazgo por la Universidad de Cuenca. Investiga temas relacionados Tecnología de la Información y Comunicación Aplicado en el Ámbito Educativo, Plataformas Educativas E – Learning, Ex Docente de la Universidad Estatal del Sur de Manabí, Actualmente Docente Titular de la Unidad Educativa Eleodoro González Cañarte

Miguel Alfredo Fienco Jalca. Ingeniero Civil por la Universidad Estatal del Sur de Manabí, Egresado en Maestría de Ingeniería Vial por la Universidad Técnica Particular de Loja. Investiga temas relacionados con la Vialidad. Y Tránsito. Actualmente profesor de la Universidad Estatal del Sur de Manabí en los procesos de nivelación. Ecuador.

Luis Alfredo Gutiérrez Sánchez. Ingeniero Civil, Magister en Gestión Ambiental con mención e impacto ambientales. Investiga temas relacionados al área de matemática básica. En la actualidad profesor de la Universidad Estatal del Sur de Manabí, Ecuador.

INDICE.

PROLOGO.

La Matemática es de las ciencias más antiguas, nacidas en la aurora de la civilización humana, bajo la influencia de las crecientes necesidades sociales, científicas y tecnológicas, del desarrollo social.

El estudio lógico-histórico de la Matemática, muestra que ella define un armonioso sistema lógico-abstracto capaz de integrarse al complejo sistema de conocimientos científico-tecnológicos definido por otras ciencias (naturales, técnicas, sociales).

El **álgebra** es la rama de la matemática que estudia la combinación de elementos de estructuras abstractas acorde a ciertas reglas. Originalmente esos elementos podían ser interpretados como números o cantidades, por lo que el álgebra en cierto modo originalmente fue una generalización y extensión de la aritmética.

La **geometría** es una de las áreas más antiguas de la matemática. Inicialmente, constituía un cuerpo de conocimientos prácticos en relación con las longitudes, áreas y volúmenes. En el antiguo Egipto estaba muy desarrollada, según los textos de Herodoto, Estrabón y Diodoro Sículo. Euclides, en el siglo III a. C. configuró la geometría en forma axiomática, tratamiento que estableció una norma a seguir durante muchos siglos: la geometría euclidiana descrita en Los Elementos.

Las matemáticas necesariamente tienen que ver con dos cuestiones centrales que legitiman su presencia en los currículos y por tanto su estudio: Primero, la función que cumplen las matemáticas en la explicación de la realidad, por la cual la humanidad las convirtió en objeto de apropiación social y de reproducción cultural en el marco de instituciones especializadas y, segundo, la naturaleza específica de su estudio.

Las competencias y habilidades a ser desarrolladas en Matemáticas están distribuidas en tres dominios de la actividad humana: la vida en sociedad, la actividad productiva y la experiencia subjetiva. Por lo que la comunidad científica (Matemáticos, Psicólogos, Pedagogos y Educadores Matemáticos, etc.) se enfrenta a complejas interrogantes: ¿Para quién Enseñamos Matemática? ¿Qué Matemática Enseñar?, ¿Cómo enseñar Matemática? ¿Cómo aprender Matemática?

Al intentar dar respuesta a las interrogantes presentadas, aparece la dicotomía: Contextualizar la matemática sin que su carácter lógico-abstracto, de generalización y rigor se debilite. Mostrar la necesidad de su estudio independiente del nivel de aplicación al área de conocimiento.

A lo anterior se une la diversidad de los estudiantes que comienzan sus estudios universitarios, relativo a: procedencia social, características del nivel de la enseñanza precedente. Lo anterior define dos planos de dificultad: el de los alumnos, porque no es posible garantizarles ciertos parámetros comunes para su formación; y el de los docentes, porque dificulta el intercambio y la comunicación de experiencias pedagógicas.

Luego la misión del profesor no puede ser tan solo la de transmitir conocimientos previamente elaborados, y mucho menos la de brindar recetas que permitan resolver determinado tipo de "problemas" matemáticos; “De hecho no se enseña a resolver problemas, sino a comprender soluciones explicadas por el profesor como ejercicios".

La obra que se presenta está dirigida a desarrollar en los estudiantes las habilidades y destrezas, que potencien el desarrollo del razonamiento lógico-algorítmico, facilitándoles la comprensión de que las teorías y métodos de la matemática permiten formular modelos para la interpretación y solución de problemas: de la vida en sociedad, la actividad productiva y minimizar la subjetividad en la toma de decisiones.

Se conciben los ejercicios y problemas de aplicación, mediante el estudio de casos. Generalizando al final de cada tema procedimientos que puedan atacar la mayor cantidad de casos. Es decir, mediante la inducción-deducción.

La obra está dirigida a estudiantes que reciben los temas presentados en los currículos de las carreras de ingeniería y docentes que imparten los temas presentados.

Agradeceremos a todo aquel, que presente sugerencias y observaciones. Que permitan enriquecer la obra a nuevas ediciones.

I. Aproximación de funciones. Sucesiones y series.

I.1 Polinomio de interpolación. Polinomios de interpolación de Newton.

Estos problemas son frecuentemente en problemas ingenieriles. Se conoce un conjunto de pares ordenados (x_i, $f(x_i)$), y no se conoce una expresión analítica que expresa una relación funcional entre las magnitudes tabuladas. Una expresión analítica que permita, aunque sea de manera aproximada, poder evaluar la función en otros valores de x; en otras ocasiones el algoritmo algebraico para calcular f(x), aunque se conoce, resulta tan complicado e inconsistente que resulta útil hallar una función g(x) de una clase más simple y utilizarla en lugar de f(x), aun sabiendo que se está incurriendo en un error.

El problema puede presentarse como muestran los ejemplos:

Ejemplo 1.

Sea dada una tabla que relaciona el tiempo de fallo de n componentes respecto a los valores de humedad,

i	$1 \quad 2 \; ... \; n-1 \quad n$
t_i	$t_1 \quad t_2 \; ... \; t_{n-1} \quad t_n$
H_i	$H_1 \; H_2 \; ... \; H_{n-1} \; H_n$

Se desea determinar una relación funcional entre el tiempo de fallo y la humedad.

Ejemplo 2.

Para producir en un torno de mando numérico una pieza con perfil longitudinal, es necesario obtener una función simple (de modo que pueda ser evaluada en un tiempo muy breve) que describa el contorno de la pieza. Esta función servirá para fijar la posición de la cuchilla del torno en cada instante. Las dimensiones de la pieza, las fronteras deben ser curvas suaves propiedades que deben ser respetadas.

I.1.1 Modelo matemático del problema.

Dado un conjunto de pares ordenados (conjunto discreto), definir una expresión analítica, función. Geométricamente, una curva que exprese la relación funcional.

La curva puede ser definida por un número finito de pequeños segmentos de rectas, más resulta sólo una aproximación. Para lograr una mejor aproximación puede aumentarse el número de segmentos. Esto aumenta la cantidad de datos requeridos para el trazado de la curva y la hace difícil de manipular e interpretar.

Se necesita una formulación rigurosa, modelo matemática de representar las curves. Para lo anterior, debe cumplirse:

- La representación geométrica de la curva debe corresponder con las propiedades de la expresión analítica.
- Computacionalmente, un algoritmo de complejidad simple.
- Aritméticamente, fácil de manipular.
- Permita concatenar curva con otras curvas.

Para el logro de lo anterior se utilizan diferentes algoritmos fundamentados en las teorías analíticas que los fundamentan, combinando elementos del cálculo diferencial, algebra, geometría, entre otras.

Los algoritmos para la aproximación de funciones pudien ser clasificados:

- Métodos de interpolación.
- Métodos de mínimos cuadrados.
- Métodos de Splain.

I.2 Interpolación.

Las interpolaciones se resumen: dado un conjunto finito de pares ordenados (x_0,y_0), (x_1,y_1), … , (x_{n-1},y_{n-1}) (x_n,y_n), encontrar una función g(x), que pase por cada uno de los puntos, tal que,

$g(x_0) = y_0$

$g(x_1) = y_1$

.

.

.

$g(x_n) = y_n$

Los puntos $x_0,\ x_1,\ x_2 \ldots x_n$ son llamados puntos o nodos de interpolación y la función g(x) función de interpolación.

Las interpolaciones más populares: Lagranche, Newton, Stirling. Existen muchas más.

- Interpolación de Lagrange.

Sea $(x_i,\ y_i)$ un conjunto finito de pares ordenados del plano XOY, abscisa y ordenada, para

i= 0, 1, 2, … , m.

Los datos se interpolan, por un polinomio de grado ***m o menor***, $P_m(x)$, tal que se satisface,

$P_m(x_i) = y_i$,

Sean $x_0, x_1, \ldots, x_m$ las abscisas de y sean $f_0, f_1, \ldots, f_m$, los valores de la ordenada, de una cierta función f. Se desea determinar un polinomio de grado ***m o menor**, tal que,* $P_m(x_i) = f_i$, *para* $i = 0, 1, 2, \ldots, m$.

El polinomio interpolador de grado n de Lagrange es un polinomio de la forma:

$$\sum_{j=0}^{n} f_j l_j(x), \quad n \leqslant m$$

Donde $l_j(x)$ son los llamados polinomios auxiliares de Lagrange, que se calculan por medio de la expresión,

$$l_j(x) = \prod_{i \neq j} \frac{x - x_i}{x_j - x_i} = \frac{(x - x_0)(x - x_1)\ldots(x - x_{j-1})(x - x_{j+1})\ldots(x - x_n)}{(x_j - x_0)(x_j - x_1)\ldots(x_j - x_{j-1})(x_j - x_{j+1})\ldots(x_j - x_n)}$$

Con el polinomio de Lagrange es importante el número de puntos con los que se construye el polinomio.

- Método de interpolación, por las diferencias divididas de Newton.

Sea (x_i, y_i) un conjunto finito de pares ordenados del plano XOY, abscisa y ordenada, i= 1, 2, … , n. Los datos se interpolan, por un polinomio $P_{n-1}(x)$, tal que se satisface, $P_{n-1}(x_i) = y_i$,

El polinomio de grado $n - 1$ resultante tendrá la forma

$$\sum_{j=0}^{n-1} a_j g_j(x)$$

Definiendo $g_j(x)$ como,

$$g_j(x) = \prod_{i=0}^{j-1} (x - x_i)$$

y definiendo a_j como

$$a_0 = f[x_0], a_1 = f[x_0, x_1], \ldots, a_j = f[x_0, x_1, \ldots, x_{j-1}, x_j]$$

Los coeficientes a_j son las llamadas diferencias divididas.

Una vez se hayan realizado todos los cálculos, nótese que hay (muchas) más diferencias divididas que coeficientes a_j. El cálculo de todos los términos intermedios debe realizarse simplemente porque son necesarios para poder formar todos los términos finales. Sin embargo, los términos usados en la construcción del polinomio interpolador son todos aquellos que involucren a x_0.

Estos coeficientes se calculan mediante los valores que se conocen de la función,

$$f[x_0, x_1, \ldots, x_{j-1}, x_j]$$

queda definido, como:

$f[x_i, x_{i+1}, \ldots, x_{i+j-1}, x_{i+j}] =$

$$= (f[x_{i+1}, \ldots, x_{i+j-1}, x_{i+j}] - f[x_i, x_{i+1}, \ldots, x_{i+j-1}]) / (x_{i+j} - x_i)$$

I.3 Ajusta de curva. Método de mínimo cuadrados.

Mínimos cuadrados se resume, dado un conjunto finito de pares ordenados,

$(x_0, y_0), (x_1, y_1), \ldots, (x_{n-1}, y_{n-1}) (x_n, y_n),$

Encontrar una función g(x), tal que, la suma de la desviación cuadrática de los puntos, a la curva sea mínimo.

La recta de mejor ajuste. Método de Mínimos Cuadrados.

Sea dada la tabla del ejemplo 1.

Determinar la distancia mínima de los puntos (t_i, H_i) a una recta $H = a + bt$. Se necesita determinar las constantes a y b.

Representemos los datos (t_i, H_i), por los pares ordenados (x_i, y_i) en un sistema de coordenada en el plano XOY.

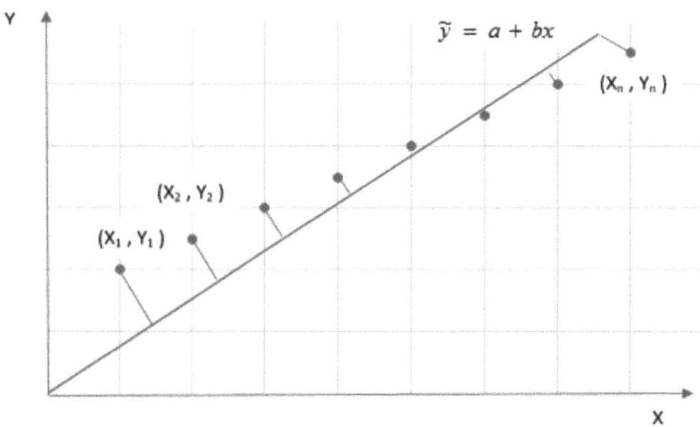

Determinar el error mínimo (distancia mínima) de los puntos (x_i, y_i) a la recta $\tilde{y} = a + bx$

$$MIN\sum_{i=1}^{n} e_i = MIN\sum_{i=1}^{n}(y_i - (a + bx_i))^2 ; \qquad \sum_{i=1}^{n}(y_i - (a + bx_i))^2 \textit{ una función } f(a,b)$$

Problema: Determinar MIN $f(a,b)$

Condición Necesaria para la existencia del MIN, el gradiente de $f(a,b)$ tiene que ser igual cero, significa que las derivadas parciales de la función, respecto a las variables independientes, tienen que ser igual a cero

$$\begin{cases} \dfrac{\partial f}{\partial a} = 2\sum_1^n (y_i - (a + bx_i))(-1), = 0 \\ \dfrac{\partial f}{\partial b} = 2\sum_1^n (y_i - (a + bx_i))(-x_i), = 0 \end{cases}$$

$$\begin{cases} -\sum_1^n y_i + \sum_1^n a + \sum_1^n bx_i = 0 \\ -\sum_1^n y_i x_i + \sum_1^n ax_i + \sum_1^n bx_i^2 = 0 \end{cases}$$

$$\begin{cases} a\sum_1^n 1 + b\sum_1^n x_i = \sum_1^n y_i \\ a\sum_1^n x_i + b\sum_1^n x_i^2 = \sum_1^n y_i x_i \end{cases}$$

$$\begin{cases} an + b\sum_1^n x_i = \sum_1^n y_i \\ a\sum_1^n x_i + b\sum_1^n x_i^2 = \sum_1^n y_i x_i \end{cases}$$ $S.E.L.N.H.$ (Sistema de ecuaciones lineales no homogénea)

El SELNH en forma matricial.

$$\begin{pmatrix} n & \sum_1^n x_i \\ \sum_1^n x_i & \sum_1^n x_i \end{pmatrix} \begin{pmatrix} a \\ b \end{pmatrix} = \begin{pmatrix} \sum_1^n y_i \\ \sum_1^n y_i x_i \end{pmatrix}$$

Resolvemos por el método de eliminación Gauss.

$$\begin{pmatrix} n & \sum_1^n x_i & \sum_1^n y_i \\ \sum_1^n x_i & \sum_1^n x_i^2 & \sum_1^n y_i x_i \end{pmatrix}$$

Multiplicando la fila 1 por $\dfrac{\sum_1^n x_i}{n}$ y restando la fila 2, obtenemos la matriz escalón:

$$\begin{pmatrix} n & \sum_1^n x_i & \sum_1^n y_i \\ 0 & \frac{\sum_1^n x_i}{n}\sum_1^n x_i - \sum_1^n x_i^2 & \frac{\sum_1^n x_i}{n}\sum_1^n y_i - \sum_1^n y_i x_i \end{pmatrix}$$

Escribiendo el sistema asociado al matriz escalón, obtenemos:

$$\begin{cases} an + b\sum_1^n x_i = \sum_1^n y_i \\ b\frac{\sum_1^n x_i}{n}\sum_1^n x_i - \sum_1^n x_i^2 = \frac{\sum_1^n x_i}{n}\sum_1^n y_i - \sum_1^n y_i x_i \end{cases}$$

Despejando b obtenemos:

$$b = \frac{\frac{\sum_1^n x_i}{n}\sum_1^n y_i - \sum_1^n y_i x_i}{\frac{\sum_1^n x_i}{n}\sum_1^n x_i - \sum_1^n x_i^2}$$

Sustituyendo b en la primera ecuación. y despejando a, de la ecuación obtenemos:

$$a = \frac{1}{n}\left\{\sum_1^n y_i - \sum_1^n x_i\left(\frac{\frac{\sum_1^n x_i}{n}\sum_1^n y_i - \sum_1^n y_i x_i}{\frac{\sum_1^n x_i}{n}\sum_1^n x_i - \sum_1^n x_i^2}\right)\right\}$$

Sustituyendo los coeficientes a, b en la recta $\widetilde{y} = a + bx$, obtenemos la recta de mejor ajuste.

Esta idea que desarrollamos basada en el cálculo diferencial, no es eficiente computacionalmente, cuando necesitamos un polinomio de grado mayor es necesario desarrollar el algoritmo desde el comienzo.

Vamos a desarrollar una idea algebraica, que da solución a las limitaciones anteriores.

Sean las matrices,

$$A = \begin{pmatrix} 1 & x_1^1 & \dots & x_1^m \\ 1 & x_2^1 & \dots & x_2^m \\ \dots & \dots & \dots & \dots \\ 1 & x_n^1 & \dots & x_n^m \end{pmatrix}, \quad Z = \begin{pmatrix} a_1 \\ a_2 \\ \vdots \\ a_m \end{pmatrix}, \quad Y = \begin{pmatrix} y_1 \\ y_2 \\ \vdots \\ y_n \end{pmatrix}$$

Los elementos de la matriz Z, definen los coeficientes del polinomio de mejor ajuste.

Los que se calculan mediante la función matricial,

$Z = (A^t A)^{-1} A^t Y$,

Equivalente al sistema de ecuaciones lineal no homogéneo (SELNH), con matriz del sistema simétrica,

$$\begin{pmatrix} n & \sum_{i=1}^{n} x & \dots & \sum_{i=1}^{n} x^n \\ \sum_{i=1}^{n} x & \sum_{i=1}^{n} x^2 & \dots & \sum_{i=1}^{n} x^{n+1} \\ \dots & \dots & \dots & \dots \\ \sum_{i=1}^{n} x^n & \sum_{i=1}^{n} x^{n+1} & \dots & \sum_{i=1}^{n} x^{n+m} \end{pmatrix} \begin{pmatrix} a_1 \\ a_2 \\ \vdots \\ a_m \end{pmatrix} = \begin{pmatrix} \sum_{i=1}^{n} y \\ \sum_{i=1}^{n} y\, x \\ \vdots \\ \sum_{i=1}^{n} y\, x^n \end{pmatrix}$$

Que puede ser resuelto por alguno de los métodos clásicos: Gauss, método de eliminación, entre otros.

Calcular los coeficientes, $\begin{pmatrix} a_1 \\ a_2 \\ \vdots \\ a_m \end{pmatrix}$, permite obtener el polinomio de grado $\boldsymbol{n \leq m}$,

$P_{m-1}(x) = a_1 + a_2\, x + a_3\, x^2 + , \dots , + a_m\, x^{m-1}$, que es el polinomio de mejor ajuste.

I.4 Spline.

Es un tipo de interpolación fragmentaria, utilizando polinomios, que se definen como Spline.

Esta palabra se empleó en Inglaterra para definir los límites de terrenos cuando eran limitados por curva.

Un ejemplo de curva spline, es la trayectoria de un objeto en movimiento: la curva en sí sería la trayectoria trazada por el objeto, y el parámetro numérico sería el tiempo; tal como avanza el tiempo, el objeto avanza a lo largo de la curva.

En general los polinomios son las funciones más usadas por los métodos de interpolación, mínimos cuadrados, spline, por las propiedades:

- **Son curvas suaves: continuas, con derivadas continuas.**
- **Aritméticamente fácil de manipular.**

Los polinomios más usados:

1. **Lineal:** los puntos se conectan con líneas rectas.
2. **Cuadrática:** los puntos se conectan con una curva suave definida por un polinomio de segundo orden, parábola, tres puntos son suficiente.
3. **Cúbica:** los puntos se conectan con una curva suave definida por un polinomio de tercer orden, cuatro puntos son suficiente.

Un ***spline*** es una curva suave, definida a tramos mediante polinomios.

Los spline facilitan el uso de polinomios de bajo grado. Los que son construidos, hablando en términos gráficos, a partir de funciones polinómicas a trozos de grado bajo que presentan cierta regularidad. Evitando oscilaciones al interpolar mediante polinomios de grado elevado.

Por ejemplo, si se desea hallar un polinomio interpolador P(x) para los nodos ordenados $\{x_0, x_1, ..., x_6\}$, el problema se puede descomponer en tres problemas sencillos: hallar tres polinomios interpoladores, cada uno de grado menor o igual que dos, para los conjuntos de nodos $\{x_0, x_1, x_2\}$, $\{x_2, x_3, x_4\}$, $\{x_4, x_5, x_6\}$.

Por ejemplo, $S(x) = \left\{\begin{matrix} P_2^1\,(x) = a_2x^2 + a_1x^1 + a_0 & si \;\; x_0 \leq x \leq x_2 \\ P_2^2\,(x) = b_2x^2 + b_1x^1 + b_0 & si \;\; x_2 \leq x \leq x_4 \\ P_2^3\,(x) = c_2x^2 + c_1x^1 + c_0 & si \;\; x_4 \leq x \leq x_6 \end{matrix}\right\}$

Donde $P_2^i\,(x)$ (*i* = 1, 2, 3) representa un polinomio de grado *2*. Donde cada polinomio posee *3* coeficientes, En este caso, la gráfica de la función interpoladora estará formada por tres arcos de parábolas. Como dos arcos consecutivos comparten un nodo, los tres arcos formarán una curva continua que puede usarse para representar la función a aproximar f(x).

Más se necesita que la función que resulta sea suave (continua y con derivadas continua), que en los nodos que unen, un polinomio local con otro, no produce en la gráfica, una función con pico.
Entre los splain el cúbico es uno de los más populares.

- El spline cúbico de interpolación.

Considérese que para cada uno de los *n* + 1 nodos ordenados en forma creciente $\{x_0, x_1, ..., x_n\}$ se conoce el valor de una función *f*(*x*).

El spline satisface la condición de interpolación global:

$P(x_i) = f(x_i) \quad i = 0, 1, 2,..., n$

Como se trata de un spline cúbico, su expresión analítica será:

$$S(x) = \begin{cases} P_3^1\,(x) = a_3x^3 + a_2x^2 + a_1x^1 + a_0 & si \;\; x_0 \leq x \leq x_3 \\ P_3^2\,(x) = b_3x^3 + b_2x^2 + b_1x^1 + b_0 & si \;\; x_3 \leq x \leq x_6 \\ P_3^3\,(x) = c_3x^3 + c_2x^2 + c_1x^1 + c_0 & si \;\; x_6 \leq x \leq x_9 \\ \vdots & \\ P_3^n\,(x) = n_3x^3 + n_2x^2 + n_1x^1 + n_0 & si \;\; x_{n-4} \leq x \leq x_n \end{cases}$$

Los nodos de interpolación coinciden con los puntos que limitan los tramos del spline.

Este es el caso más simple y frecuente. Como cada uno de los n polinomios de tercer grado que conforman el spline posee cuatro coeficientes, el spline posee $4n$ coeficientes los cuales permiten satisfacer, las siguientes condiciones:

Condición de interpolación:

$S(x_i) = y_i$

Condición de continuidad: $S(x)$ es continua en x_i

Condiciones de suavidad.

$S'(x)$ es continua en x_i

$S''(x)$ es continua en x_i

Estas condiciones suman en total $4n - 2$ lo que significa que aún se cuenta con la posibilidad de, imponer otras dos condiciones al spline, lo cual se suele hacer de diversas maneras para lograr diferentes propósitos. Alguna de estas dos condiciones se presentara adelante.

Encontrar las fórmulas que definen a $S(x)$, se sigue un algoritmo iterativo, utilizando las condiciones: interpolación, continuidad y suavidad.

Se utilizará la siguiente notación:

$M_i = S''(x_i)\,, \qquad i = 0, 1, 2,..., n$

$h_i = x_{i+1} - x_i$, $i = 0, 1, 2,..., n{-}1$

es decir, $M_0, M_1, \ldots, M_n$, representará el valor de la segunda derivada del spline, en los nodos de interpolación $x_0, x_1, ..., x_n$ y $h_0, h_1, ..., h_{n-1}$, las longitudes de los tramos en que están definidos los n polinomios del spline.

S(x) es un polinomio cúbico, entonces su segunda derivada es una función lineal, tal que,

$S''(x_i) = M_i$ y $S''(x_{i+1}) = M_{i+1}$,

donde, $S''(x_i) = ((x_{i+1} - x)\ M_i\ + (x - x_i)\ M_{i+1}))/\ h_i$,

$S''(x_i)$, es una función lineal en el intervalo $[x_0, x_n]$, una quebrada continua. Quedando satisfecha la condición de suavidad de la segunda derivada del spline.

Integrando $S''(x_i)$, obtenemos,

$S'(x) = (\ (\ (x_{i+1} - x)^2\ M_i\ + (x - x_i)^2\ M_{i+1}\ )\ /\ 2\ h_i) + C_1$

Integrando $S'(x)$, obtenemos, la función interpoladora, spline cúbico de la forma,

$S\ (x) = (\ (\ (x_{i+1} - x)^3\ M_i\ + (x - x_i)^3\ M_{i+1}\ )\ /\ 6\ h_i) + C_1x + C_2$

Donde, $C_1 = (y_{i+1} - y_i)\ /\ h_i - h_i\ (M_{i+1} - M_i)\ /\ 6$; $C_2 = (y_i\ x_{i+1} - y_{i+1}\ x_i)\ /\ h_i - h_i\ (M_{i+1}\ x_{i+1} - M_i\ x_i)\ /\ 6$

Considerando las condiciones de la segunda derivada, $S''(x0) = M0 = 0$ y $S''(xn) = Mn = 0$.

El spline que resulta, es una función que pasa por los $n + 1$ nodos, (x_0, y_0), (x_1, y_1), ..., (x_n, y_n), minimizando la curvatura global de la función interpoladora.

Se obtienen las matrices,

$$\boldsymbol{H} = \begin{pmatrix} \frac{h_0 + h_1}{3} & \frac{h_1}{6} & 0 & \ldots \\ \frac{h_1}{6} & \frac{h_2 + h_1}{3} & \frac{h_2}{6} & \ldots \\ 0 & \frac{h_2}{6} & \frac{h_3 + h_2}{3} & \ldots \\ & \vdots & & \end{pmatrix}$$

H, matriz tri-diagonal, con diagonal predominante,

$$\boldsymbol{Y} = \begin{pmatrix} \frac{y_2 - y_1}{h_1} - \frac{y_1 - y_0}{h_0} \\ \frac{y_3 - y_2}{h_2} - \frac{y_2 - y_1}{h_1} \\ \vdots \end{pmatrix}$$

Y, matriz de términos independientes,

$$M = \begin{pmatrix} \boldsymbol{M_1} \\ \boldsymbol{M_2} \\ \vdots \end{pmatrix}$$

M, matriz de las incógnitas.

Entonces, se obtiene la ecuación matricial, **H M = Y.** Por las propiedades, multiplicación e igualdad de matrices. Obtenemos el SELNH (sistema de ecuaciones lineal no homogéneo) con matriz diagonal predominante.

$$\begin{array}{lllllll}
\frac{h_0+h_1}{3}M_1 & + & \frac{h_1}{6}M_2 & & & = & \frac{y_2-y_1}{h_1}-\frac{y_1-y_0}{h_0} \\
\frac{h_1}{6}M_1 & + & \frac{h_2+h_1}{3}M_2 & + & \frac{h_2}{6}M_3 & = & \frac{y_3-y_2}{h_2}-\frac{y_2-y_1}{h_1} \\
\frac{h_{n-2}}{6}M_{n-2} & + & \frac{h_{n-2}+h_{n-1}}{3}M_{n-1} & & & = & \frac{y_n-y_{n-1}}{h_{n-1}}-\frac{y_{n-1}-y_{n-2}}{h_{n-2}}
\end{array}$$

El SELNH puede ser resuelto eficientemente por los métodos clásicos o algoritmos computacionales.

Lo anterior define el spline natural, el más usado.

Ejercicios propuestos:

Calcular el polinomio de mayor grado por Lagrange, Newton y el polinomio de mejor ajuste de segundo grado usando los siguientes datos:

1)

x	1	-3	5	7
y	-2	1	2	-3

2)

x	-2	0	2	4
y	1	-1	3	-2

A) Calcular el valor para -2,5, con 4 cifras decimales.

B) Determinar por cada método el número de cifras significativas correctas, para un error absoluto de 10^{-3}.

3) Dados los datos:

x	1	2	3	4
y	12	25	30	48

A) Ajustar una recta a la nube de puntos que representa la tabla y graficar, la recta y los puntos representando la distancia a la recta.
B) De acuerdo a la representación geométrica de los puntos de la tabla determinar el grado del polinomio que mejor los ajusta.
C) Calcular el polinomio del grado, determinado en B).
D) Determinar el spline cúbico natural.
E) Calcular el valor para 3,2, con 3 cifras decimales. Por ambos métodos.
F) Determinar para cada método el número de cifras significativas correctas, con error absoluto de 10^{-3}.

I.5 Sucesiones

$$\text{Sea f una ley que hace corresponder a un n} \in \text{N un } \mathrm{a_n} \in \text{N}$$

$$n \in N, \;\; f\!: n \rightarrow \; a_n, \qquad \{a_n\}^{\infty} = \;\; a1, a2, \dots, an, \dots$$

$$\boldsymbol{a_n} \rightarrow \text{Elemento general de } \{\mathrm{a_n}\}^{\infty}\text{, sucesión}$$

Ejemplos:

$$\left\{\frac{1}{n}\right\} = 1, \frac{1}{2}, \frac{1}{3}, \frac{1}{4}, \dots. , \frac{1}{n}, \dots.$$

$$\{2^n\} = 2{,}4, 6, 8, \dots, 2^n, \dots$$

$$\left\{\frac{(-1)^{n+1}}{n^2}\right\} = 1, \frac{-1}{4}, \frac{1}{9}, \dots., \frac{(-1)^{n+1}}{n^2}, \dots.$$

$$\{\cos n\} = \; \cos 1, \;\; \cos 2, \dots., \;\; \cos n\,, \dots.$$

$$\text{Sea A un número real, decimos } \{\mathrm{a_n}\} \text{ tiene limite si el lim } \mathrm{a_n} \text{ cuando n tiende a } \infty \text{ es igual a A}$$

$$\lim_{n \to \infty} an = A$$

$$|a_n - A| < \mathcal{E};\; \forall n \; > N$$

Cuando existe el límite del elemento general también se le llama termino n-ésimo, y es único, la sucesión es convergente en caso contrario la sucesión es divergente.

Ejemplos.

$$\lim_{n \to 2} \frac{n^2 + 3n - 1}{n^2 + 1} = 1\,; \qquad ES\ CONVERGENTE$$

$$\lim_{n \to \infty} 2^n = \; \infty \qquad ES\ DIVERGENTE$$

$$\lim_{n \to \infty} \frac{1}{n} = 0 \;\; ES\ CONVERGENTE$$

$$\lim_{n\to\infty} \cos n = \begin{cases} 1 \\ -1 \end{cases} \textit{ ES DIVERGENTE}$$

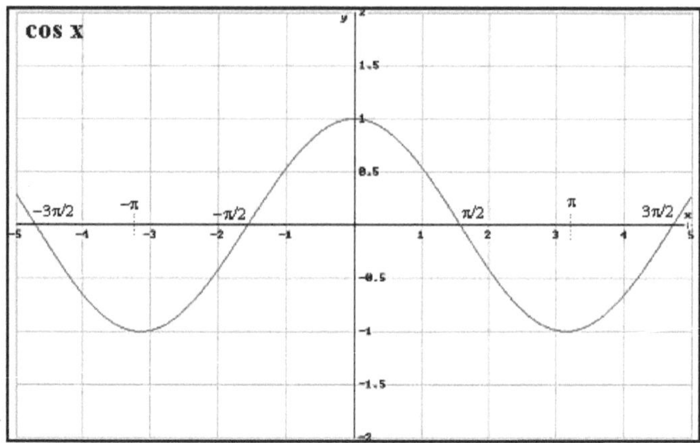

Ejemplo. La sucesión de Fibonacci $\{a_n\}$ está definida por,

$$a_1 = a_2 = 1,\ a_n = a_{n-1} + a_{n-2}.$$

DEFINICIÓN. Una sucesión $\{a_n\}$ es acotada si $\{a_1, a_2, \ldots\}$ si es un conjunto acotado.

Es decir, si existe $K \in$ R tal que $|a_n| \leq K$ para todo $n \in$ N.

DEFINICIÓN. Una sucesión $\{a_n\}$ es acotada superiormente si existe $M \in$ R tal que $a_n \leq M$.

DEFINICIÓN. Una sucesión $\{a_n\}$ es acotada inferiormente si existe $m \in$ R tal que $a_n \geq m$.

Propocisión: *Sea la sucesión* $\{a_n\}$,

$\{a_n\}$ es acotada si y sólo si $\{a_n\}$ es acotada superiormente o $\{a_n\}$ es acotada inferiormente.

Número de Euler. Sea la sucesión

$$a_n = \left(1 + \frac{1}{n}\right)^{\frac{1}{n}}$$

Es una de la más importantes sucesiones, es convergente y acotada. Pues,

$\lim_{n\to\infty} \left(1 + \frac{1}{n}\right)^n = e$, llamado Número de Euler, tal que, $2 \leq e \leq 3$, un número irracional al igual que π.

Teorema: Si $\{a_n\}$ es una sucesión que converge a cero y $\{b_n\}$ es una sucesión acotada entonces la sucesión $\{a_n b_n\}$ converge a cero.

Ejemplo. Sean las sucesiones $\{a_n\} = \left\{\frac{1}{n}\right\}$, $\{b_n\} = (1+\frac{1}{n})^n$,y el valor de su límite.

$\lim_{n\to\infty} \frac{1}{n} = 0$, $\lim_{n\to\infty} \left(1+\frac{1}{n}\right)^n = e,$

Es evidente que,

$\lim_{n\to\infty} \{a_n b_n\} = 0$

I.6 Series.

1.4 Series trigonométricas de Fourier

Las series trigonométricas de Fourier de una función $f(x)$ son indispensables en el análisis y modelación de fenómenos periódicos como las vibraciones, movimientos ondulatorios, etc. Muchas de las ecuaciones diferenciales en derivadas parciales que se presentan en la práctica en conexión con estos fenómenos, son resueltos mediante el uso de las series trigonométricas de Fourier.

Función periódica:

Una función $f(x)$ se dice que es periódica con período $T \neq 0$ si se cumple que:

$f(x+T) = f(x)$ para todos los valores de $x \in Dom\, f(x)$.

Ejemplos:

(1)

(a) La función $f(x) = K$; donde K es un número real es periódica, cuyo período es cualquier número real $T \neq 0$ pues $f(x+T) = f(x) = K$; para todos los valores de $x \in \Re = Dom\, f(x)$.

(b) Las funciones $f(x) = sen x$ y $g(x) = \cos x$ son periódicas de período $T = 2\pi$, ya que $f(x+2\pi) = sen(x+2\pi) = Sen\, x = f(x)$ para todo $x \in \Re$.

(2) Representemos gráficamente la función $f(x)$ que es periódica de período $T = 2\pi$ definida por:

$$f(x) = \begin{cases} 1 & para \quad 0 < x \leq \pi \\ -2 & para \quad -\pi < x \leq 0 \end{cases}$$

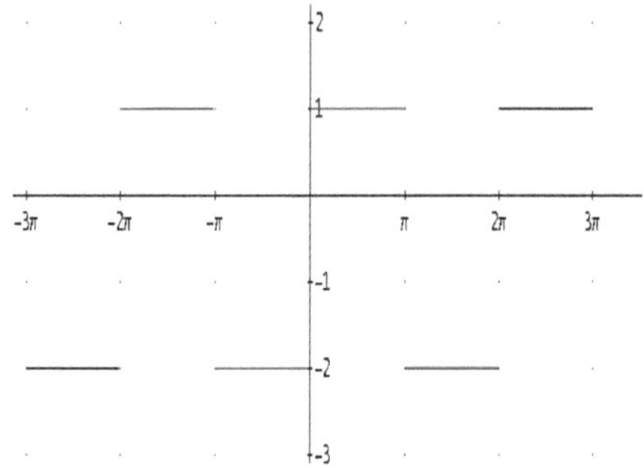

Función seccionalmente continúa.

Se dice que la función $f(x)$ es seccionalmente continua en el intervalo $[a; b]$, si $f(x)$ es continua en todos los puntos del intervalo con la excepción, quizás, de un número finito de puntos en los cuales tiene discontinuidades finitas, es decir, en dichos puntos existen los limites laterales.

Series Trigonométricas

Una serie trigonométrica es una serie de la forma:

$\frac{a_0}{2} + \sum_{n=1}^{\infty}(a_n \cos nx + b_n sen\, nx)$; donde $a_0; a_n \ y \ b_n$ para $n = 1;2;3;....$, son números reales, llamados coeficientes de Fourier de la serie trigonométrica.

Supongamos que dada la función $f(x)$ es seccionalmente continua en el intervalo $[-\pi; \pi]$, y periódica con período $T = 2\pi$, es la suma de la serie trigonométrica:

$\frac{a_0}{2} + \sum_{n=1}^{\infty}(a_n \cos nx + b_n sen\, nx)$; en el intervalo $[-\pi; \pi]$, es decir:

$f(x) = \frac{a_0}{2} + \sum_{n=1}^{\infty}(a_n \cos nx + b_n sen\, nx)$; entonces, resulta que:

$$a_0 = \frac{1}{\pi}\int_{-\pi}^{\pi} f(x)dx; \quad a_n = \frac{1}{\pi}\int_{-\pi}^{\pi} f(x)\cos nx dx \ \text{ y } \ a_n = \frac{1}{\pi}\int_{-\pi}^{\pi} f(x) sen\, nx dx.$$

¿Qué condiciones debe cumplir la función $f(x)$ para poder asegurar que su serie de Fourier es convergente y que su suma es precisamente dicha función?

Condiciones de Dirichlet:

Supongamos que la función $f(x)$ es periódica con período $T = 2\pi$. Además $f(x)$ es seccionalmente continua, al igual que su derivada $f'(x)$ en el intervalo $[-\pi; \pi]$, entonces:

La serie trigonométrica de Fourier de $f(x)$ converge hacia:

a) $f(x_0)$ si x_0 es un punto de continuidad de $f(x)$.

b) $\dfrac{f(x_0^+) + f(x_0^-)}{2}$ si x_0 es un punto de discontinuidad finita de $f(x)$, donde

$f(x_0^+) = \lim\limits_{x \to x_0^+} f(x)$ y $f(x_0^-) = \lim\limits_{x \to x_0^-} f(x)$

Ejemplo:

Sea la función $f(x)$ que es periódica de período $T = 2\pi$ definida por:

$$f(x) = \begin{cases} x & para \quad 0 < x < \pi \\ -\pi & para \quad -\pi < x < 0 \end{cases}$$

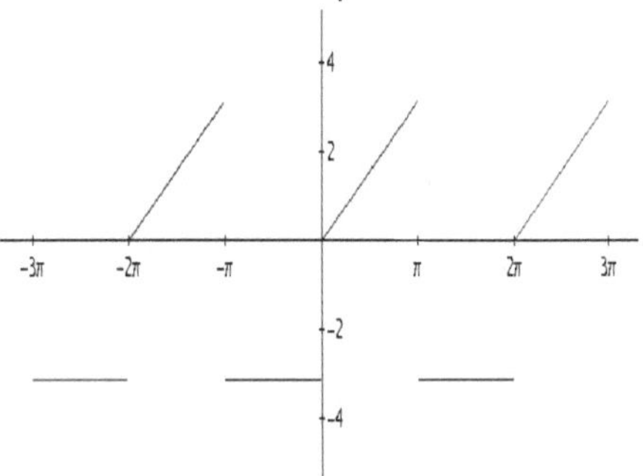

Esta función es seccionalmente continua en el intervalo $[-\pi; \pi]$, ya que solo presenta discontinuidades finitas en los puntos $x = -\pi; x = 0$ y $x = \pi$. Además $f(x)$ es periódica con período $T = 2\pi$.

Determinemos los coeficientes de Fourier.

$$a_0 = \frac{1}{\pi}\int_{-\pi}^{\pi} f(x)dx = \frac{1}{\pi}\left(\int_{-\pi}^{0} -\pi dx + \int_{0}^{\pi} x dx\right) = \frac{1}{\pi}\left(-\pi.x\Big|_{-\pi}^{0} + \frac{x^2}{2}\Big|_{0}^{\pi}\right) = -\frac{\pi}{2}.$$

$a_n = \frac{1}{\pi}\int_{-\pi}^{\pi} f(x)\cos nx dx = \frac{1}{\pi}(\int_{-\pi}^{0} -\pi.\cos nx dx + \int_{0}^{\pi} x.\cos nx dx) = \frac{1}{\pi}.\frac{\cos n\pi - 1}{n^2}$. Como $\cos n\pi = (-1)^n$, se concluye que $a_n = \frac{1}{\pi}\int_{-\pi}^{\pi} f(x)\cos nx dx = \frac{1}{\pi}.\frac{(-1)^n - 1}{n^2}$, para $n = 1;2;3;...$

De forma similar:

$b_n = \frac{1}{\pi}\int_{-\pi}^{\pi} f(x) sen\, nx dx = \frac{1}{\pi}(\int_{-\pi}^{0} -\pi.sen\, nx dx + \int_{0}^{\pi} x.sen\, nx dx) = \frac{1}{n}.(1 - 2\cos n\pi)$. O lo que es lo mismo:

$$b_n = \frac{1}{\pi}\int_{-\pi}^{\pi} f(x) sen\, nx dx = \frac{1}{n}.\left[1 - 2(-1)^n\right] \qquad n = 1;2;3;....$$

Además, su derivada

$$f'(x) = \begin{cases} 1 & para \quad 0 < x < \pi \\ 0 & para \quad -\pi < x < 0 \end{cases}$$

También es seccionalmente continua en el intervalo $[-\pi;\pi]$, pues también presenta solo discontinuidades finitas en los puntos $x = -\pi; x = 0$ y $x = \pi$.

Del análisis anterior se concluye que la función analizada cumple las condiciones de Dirichlet, por tanto en todos los puntos de continuidad de $f(x)$ se tendrá que.

$$f(x) = \frac{a_0}{2} + \sum_{n=1}^{\infty}(a_n \cos nx + b_n sen\, nx) = -\frac{\pi}{4} + \sum_{n=1}^{\infty}\left[\frac{(-1)^n - 1}{\pi.n^2}\cos nx + \frac{1 - 2(-1)^n}{n} sen\, nx\right]$$

En los puntos de discontinuidad $x_0 = -\pi; x_0 = 0$ y $x_0 = \pi$ la serie de Fourier converge hacia:

$\frac{f(x_0^+) + f(x_0^-)}{2}$; por ejemplo para $x_0 = 0$

$$\frac{f(x_0^+) + f(x_0^-)}{2} = \frac{0 - \pi}{2} = -\frac{\pi}{2}.$$

Desarrollo Trigonométrico de Fourier para funciones pares e impares

Sea la función $f(x)$ periódica con período $T = 2\pi$ y seccionalmente continua, en el intervalo $[-\pi;\pi]$, entonces:

(a) Si $f(x)$ es una función par en ese intervalo, es decir $f(x)=f(-x)$ para todo $x\in[-\pi;\pi]$,

$$f(x)\sim\frac{a_0}{2}+\sum_{n=1}^{\infty}a_n\cos nx;$$

con $a_0=\frac{2}{\pi}\int_0^{\pi}f(x)dx;\ a_n=\frac{2}{\pi}\int_0^{\pi}f(x)\cos nxdx.\qquad n=1;2;3;....$

(b) Si $f(x)$ es una función impar en ese intervalo, es decir $f(x)=-f(-x)$ para todo $x\in[-\pi;\pi]$,

$$f(x)\sim\sum_{n=1}^{\infty}b_n sen\, nx;\text{ donde } b_n=\frac{2}{\pi}\int_0^{\pi}f(x)sen\, nxdx.\qquad n=1;2;3;....$$

Ejemplo:

Sea la función $f(x)=|x|,$ para $-\pi<x<\pi$ y periódica con período $T=2\pi$.

Notemos que

$f(-x)=|-x|=|x|=f(x)$ para todo $x\in[-\pi;\pi]$, luego la función es par.

$$f(x)=\begin{cases}-x, & -\pi<x<\pi\\ 0 & x=0\\ x & 0<x<\pi\end{cases}$$

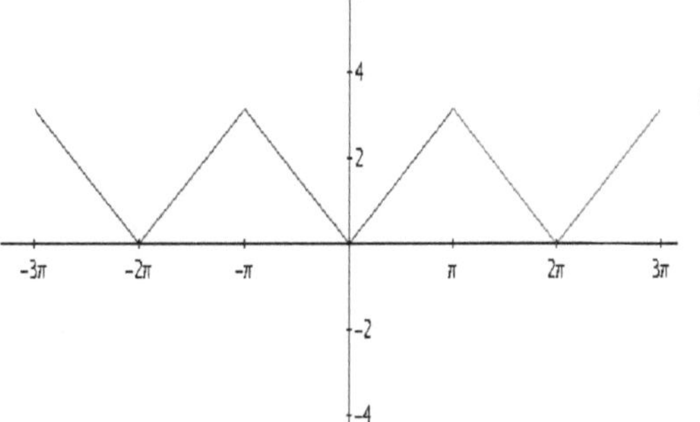

$$f(x)\sim\frac{a_0}{2}+\sum_{n=1}^{\infty}a_n\cos nx;\quad a_0=\frac{2}{\pi}\int_0^{\pi}f(x)dx=\frac{2}{\pi}\int_0^{\pi}|x|dx=\frac{2}{\pi}\int_0^{\pi}xdx=\pi.$$

$$a_n=\frac{2}{\pi}\int_0^{\pi}f(x)\cos nxdx=\frac{2}{\pi}\int_0^{\pi}|x|\cos nxdx=\frac{2}{\pi}\int_0^{\pi}x.\cos nxdx=\frac{2}{\pi.n^2}\left[(-1)^n-1\right]$$

Por lo tanto:

$$|x|\sim\frac{a_0}{2}+\sum_{n=1}^{\infty}a_n\cos nx=\frac{\pi}{2}+\sum_{n=1}^{\infty}\frac{2}{\pi.n^2}\left[(-1)^n-1\right]\cos nx$$

Desarrollo de Fourier para series de cualquier período

Muchas aplicaciones de las series trigonométricas de Fourier en la ciencia y la técnica, requieren determinar el desarrollo de una función periódica con período $T > 0,$ siendo $T \neq 2\pi.$

El desarrollo en serie de Fourier de una función periódica con período $T > 0$ y seccionalmente continua en cualquier intervalo de la forma $[c; \quad c+T]$ se expresa de la forma siguiente.

$$f(x) \sim \frac{a_0}{2} + \sum_{n=1}^{\infty}(a_n \cos n\omega\, x + b_n sen\, n\omega\, x); \text{ donde } \quad \omega = \frac{2\pi}{T} \rightarrow \text{ frecuencia.}$$

$$a_0 = \frac{2}{T}\int_c^{c+T} f(x)dx; \; a_n = \frac{2}{T}\int_c^{c+T} f(x)\cos n\omega\, xdx \quad \text{y} \quad b_n = \frac{2}{T}\int_c^{c+T} f(x) sen\, n\omega\, xdx$$

-Si $f(x)$ es una función par en el intervalo $[c; \quad c+T]$ entonces,

$$f(x) \sim \frac{a_0}{2} + \sum_{n=1}^{\infty} a_n \cos n\omega\, x, \text{ donde; } \omega = \frac{2\pi}{T}; \quad a_0 = \frac{4}{T}\int_0^{\frac{T}{2}} f(x)dx;$$

$$a_n = \frac{4}{T}\int_0^{\frac{T}{2}} f(x)\cos n\omega\, xdx; \qquad n = 1;2;3;....$$

-Si $f(x)$ es una función impar en el intervalo $[c; \quad c+T]$ entonces

$$f(x) \sim \sum_{n=1}^{\infty} b_n sen\, nx; \text{ en este caso } b_n = \frac{4}{T}\int_0^{\frac{T}{2}} f(x) sen\, n\omega\, xdx.$$

Ejemplo:

Sea la función $f(x) = x$ en el intervalo $]-1; \quad 1[$ y periódica con período $T = 2.$

Esta función es seccionalmente continua en el intervalo $[-1; \quad 1]$ ya que es continua en todos los puntos de este intervalo excepto en los puntos $x = -1$ y $x = 1$ donde tiene discontinuidades finitas. Además, como $f(x) = f(-x)$ para todo valor de x de dicho intervalo, la función es impar.

Entonces $f(x) \sim \sum_{n=1}^{\infty} b_n sen\, n\omega\, x;$ donde: $\omega = \frac{2\pi}{T} = \frac{2\pi}{2} = \pi$

$$b_n = \frac{4}{T}\int_0^{\frac{T}{2}} f(x) sen\, n\omega\, x dx = \frac{4}{2}\int_0^1 x\, .sen \pi x dx = 2\left[\frac{sen n \pi x}{(n\pi)^2} - \frac{x.\cos n\pi x}{n\pi}\right]\Bigg|_0^1$$

$$= 2\left[\frac{sen\, n\pi}{(n\pi)^2} - \frac{\cos n\pi}{n\pi}\right]$$

Teniendo en cuenta que $sen\, n\pi = 0$ y $\cos n\pi = (-1)^n$ para $n = 1;2;3;....$

Concluimos que $b_n = \dfrac{2(-1)^{n+1}}{n\pi}$, para $n = 1;2;3;....$, luego

$$x \sim \sum_{n=1}^{\infty} \frac{2(-1)^{n+1}}{n\pi} .sen\, n\pi x.$$

Como además la derivada de la función $f'(x) = 1$ es seccionalmente continua en el intervalo $[-1;\quad 1]$ se cumplen las condiciones de Dirichlet por lo que podemos escribir.

$x = \dfrac{2}{\pi}\displaystyle\sum_{n=1}^{\infty} \frac{(-1)^{n+1}}{n} .sen\, n\pi x$ para todo punto de continuidad de $f(x) = x$

Desarrollo Trigonométrico de Fourier para funciones no periódicas

En la práctica también aparece la necesidad de representar en series de Fourier funciones que no so periódicas.

Sea $f(x)$ una función seccionalmente continua en el intervalo $[a;\quad b]$. Llamaremos extensión periódica de $f(x)$ con período $T = b - a$ a la función $f_p(x)$, definida por:

$f_p(x) = f(x)$ para $a < x < b$ y tal que $f(x + KT) = f_p(x)$ para todo x, donde $K \in \Re^*$.

Para determinar el desarrollo trigonométrico de Fourier de una función seccionalmente continua en el intervalo $[a;\quad b]$ pero de forma tal que el período del desarrollo sea $T > b - a$; debemos realizar sobre $f(x)$ una prolongación de tal manera que la función prolongada $F(x)$ coincida con $f(x)$ en el intervalo $[a;\quad b]$ y que además su intervalo de definición tenga una amplitud igual al período que se desea. La función construida debe satisfacer las condiciones de Dirichlet en su intervalo de definición para garantizar la convergencia de su serie de Fourier.

Ejemplo:

Dada la función $f(x)=x$ para $1<x<2$; obtener su desarrollo trigonométrico de Fourier con período $T=2$.

Solución.

La prolongación de la función se puede realizar de muchas maneras, escogeremos la más sencilla:

$$F(x)=\begin{cases}1 & \text{para } 1<x<2\\ 0 & \text{para } 2<x<3\end{cases}$$

Considerando la extensión periódica $F_p(x)$ de $F(x)$ con período $T=2$ tendremos que $F_p(x)$

engendra una serie de Fourier $F_p(x) \sim \dfrac{a_0}{2}+\sum\limits_{n=1}^{\infty}(a_n \cos n\omega\, x + b_n sen\, n\omega\, x)$.

$$\omega=\frac{2\pi}{T}=\frac{2\pi}{2}=\pi,$$

$$a_0=\frac{2}{T}\int_c^{c+T} F_p(x)dx=\frac{2}{2}\int_1^3 F_p(x)dx=\int_1^2 xdx+\int_2^3 0.dx=\frac{3}{4}.$$

$$a_n=\frac{2}{T}\int_c^{c+T} f(x)\cos n\omega\, xdx=\int_1^3 F_p(x)\cos n\pi\, xdx=\int_1^2 x.\cos n\pi\, xdx+\int_2^3 0.\cos n\pi\, xdx$$

$$=\left[\frac{\cos n\pi x}{(n\pi)^2}+\frac{x.sen\, n\pi x}{n\pi}\right]_1^2=\frac{1}{(n\pi)^2}\left[1-(-1)^n\right]$$

De forma similar:

$$b_n=\frac{2}{\pi}\int_c^{c+T} f(x)sen\, n\omega\, xdx=\frac{1}{n\pi}\left[(-1)^n-2\right],$$

Entonces:

$$F_p(x) \sim \frac{3}{4}+\sum_{n=1}^{\infty}\left\{\frac{1}{(n\pi)^2}\left[1-(-1)^n\right]\cos n\pi\, x+\frac{1}{n\pi}\left[(-1)^n-2\right]sen\, n\pi\, x\right\}.$$

Como la función $F_p(x)$ cumple las condiciones de Dirichlet en el intervalo $[1;\ 3]$; la serie determinada, converge en todo punto del intervalo $]1;\ 2[$ hacia la función $F_p(x)=f(x)$ ya que en dichos puntos $f(x)$ es continua. Fuera de ese intervalo, la serie converge hacia la extensión periódica de $F(x)$ con período $T=2$; es decir hacia $F_p(x)$. En los puntos de discontinuidad de $F_p(x)$; o sea, en los puntos $x_0 = 0 \pm 2K$ y $x_0 = 1 \pm 2K$ la serie converge hacia la semisuma de los límites laterales de $F_p(x)$ en esos puntos.

Desarrollo Trigonométrico de Fourier para funciones de medio recorrido

Sea $f(x)$ una función seccionalmente continua en el intervalo $[0;\quad a]$. Para esta función podemos determinar diferentes desarrollos trigonométricos en series de Fourier.

(a) Desarrollo de Fourier en serie de senos solamente:

En este caso debemos hacer una prolongación de manera impar a la función $f(x)$. Denotemos por $F(x)$ a la prolongación de $f(x)$

$$F(x) = \begin{cases} f(x) & \text{para } 0 < x < a \\ -f(-x) & \text{para } -a < x < 0 \end{cases}$$

(b) Desarrollo de Fourier en serie de cosenos solamente:

En este caso debemos hacer una prolongación de manera par a la función $f(x)$. Denotemos por $F(x)$ a la prolongación de $f(x)$

$$F(x) = \begin{cases} f(x) & \text{para } 0 < x < a \\ f(-x) & \text{para } -a < x < 0 \end{cases}$$

(c) Desarrollo en serie de Fourier de senos y cosenos

Denotemos por $F(x)$ a la prolongación de $f(x)$

$$F(x) = \begin{cases} f(x) & \text{para } 0 < x < a \\ 0 & \text{para } -a < x < 0 \end{cases}$$

Ejercicios.

(1) Dada la función periódica de período $T = 2\pi$ definida por:

$$f(x) = \begin{cases} 1 & para \quad 0 < x < \pi \\ 0 & para \quad -\pi < x < 0 \end{cases}$$

(a) Dibuje su gráfico.

(b) Analice si es seccionalmente continua en el intervalo $[-\pi; \quad \pi]$.

(c) Determine su desarrollo trigonométrico de Fourier.

(d) Verifique que cumple las condiciones de Dirichlet y analice la convergencia del desarrollo obtenido.

(e) ¿ Hacia qué valor converge el desarrollo para $x = 3\pi$?.

(2) Si $f(x) = \begin{cases} x, & -\pi < x \le 0 \\ 2x & 0 < x < \pi \\ \dfrac{\pi}{2} & x = \pi \end{cases}$ y $f(x + 2\pi) = f(x)$ para todo x.

(a) Determine su desarrollo trigonométrico de Fourier.

(b) Demuestre que $\sum\limits_{n=1}^{\infty} \dfrac{1}{(2n-1)^2} = \dfrac{\pi^2}{8}$.

(3) Para la función $f(x) = x^2$ en el intervalo $]-1; \quad 1[$, periódica con período $T = 2$. Determine su desarrollo trigonométrico de Fourier.

(4) Determine el desarrollo trigonométrico de Fourier con período $T = 4$ para la función definida por:

$$f(x) = \begin{cases} -1 & \text{si} \quad -2 < x \le -1 \\ x & \text{si} \quad -1 < x \le 1 \\ 1 & \text{si} \quad 1 < x < 2 \end{cases}$$

(5) Para la función $f(x) = x^2$ en el intervalo $-1 < x < 2$. Dibuje el gráfico de la función hacia la cual converge el desarrollo de Fourier de $f(x)$ en cada uno de los siguientes casos.

(a) En seno y cosenos con período $T = 4$.

(b) En seno y cosenos con período $T = 4$, pero de forma tal que la serie converja hacia cero en $x = 10$.

(6) Dada la función $f(x) = x$ para $0 \le x < 1$. Dibuje el gráfico de los desarrollos trigonométricos de Fourier que sean posibles de obtener. Determine analíticamente los mismos.

(a) En senos y cosenos con período $T = 2$.

(b) En cosenos solamente con período $T = 1{,}5$.

(c) En senos solamente con período $T = 4$.

II Funciones de varias variables Reales.

Definición.- Sea *D* un conjunto de pares ordenados, (*x*, *y*), de números reales, D ϵ R ^{2}. Una función real de dos variables reales es una regla que asigna a cada par ordenado (*x*, *y*) en *D* un único número real, denotado por *f* (*x*, *y*).

El conjunto D es llamado el dominio de la función y el conjunto de todos los valores de lafunción es el rango (imagen) de la función.

Cuando tenemos una función de dos variables se suele utilizar *z* para representar los valores $z = f(x, y)$.

Muchas veces este dominio se representa gráficamente. En el caso de dos variables la representación es una región en el plano real.

Definición: La función $z = f(x, y)$, expresa la ley que a cada (x,y) ϵ D ϵ R ^{2} se le hace corresponder z ϵ R.

Ejemplo: Sea z = $x^2 + y^2$. Calcula el valor de Z en (2, 1).

Solución sustituyendo los valores de x, y en z, tenemos, z = 4 + 1 = 5.

II.1 Cálculo de Extremos de Funciones de Varias Variables.

Definiciones.

Al igual que las funciones de una variable, las de varias variables también tienen extremos relativos y absolutos.

Un máximo (ó mínimo) absoluto es un valor para el que la función toma el mayor (ó menor) valor.

Un punto es un **extremo relativo** si es un extremo en un entorno de dicho punto. Es decir, si es un extremo con respecto a los puntos cercanos.

En esta sección estudiaremos analíticamente la existencia de extremos de funciones de dos variables en el dominio de la función (que consideramos abierto). Para ello usaremos cálculo diferencial.

Algoritmo solución.

Nos basaremos, en la aplicación de dos teoremas.

Teorema (Condición Necesaria).

Si la función la función admite **derivadas parciales** (es decir, que existen) en un **extremo relativo** aa, entonces son iguales a 0.

Es decir, los candidatos a extremos relativos son los puntos que anulan las derivadas parciales. Es una condición necesaria pero no suficiente, esto es, que se anulen en aa no significa que aa sea un extremo, pero es un requisito indispensable.

A estos candidatos los llamamos **puntos críticos**.

- **Teorema: condición suficiente**

Sean una función de clase C_2C2 en un abierto del plano que es entorno del punto aa, siendo aa un punto crítico.

Llamamos a las derivadas parciales de ff en aa del siguiente modo:

$A=D_{1,1}f(a)$A=D1,1f(a)

$B=D_{1,2}f(a)$B=D1,2f(a)

$C=D_{2,2}f(a)$C=D2,2f(a)

Y definimos el **Hessiano** de ff en aa como

$H=A\cdot C-B_2$H=A·C−B2

El Hessiano es el determinante de la matriz Hessiana.

Entonces se cumple que

- Si $H > 0$ H>0 y $A<0$A<0, entonces ff tiene un **máximo local** en aa
- Si $H>0$H>0 y $A>0$A>0, entonces ff tiene un **mínimo local** en aa
- Si $H<0$H<0, entonces ff tiene un **punto de silla** en aa

Un punto de silla es un punto donde el gradiente de la función es nulo. Es un punto donde la superficie presenta un máximo con respecto a una dirección y un mínimo con respecto a la dirección perpendicular.

Ejemplo1:

1.- Dada la función,

$$f(x,y) = x^2 + y^2 + x + y + xy$$

Determinar los extremos.

Solución:

Calcular los puntos críticos.

Calculamos las derivadas parciales de primer de *f (x, y):*

$$D_1 f(x, y) = f_x(x, y) = 2x + 1 + y$$
$$D_2 f(x, y) = f_y(x, y) = 2y + 1 + x$$

Aplicamos el teorema de la condición necesaria Los puntos críticos son aquellos ue anulan a las derivadas parciales de primer orden. Por tanto, igualamos a 0, se obtiene un sistema de ecuaciones. En nuestro ejemplo es un sistema lineal no homogéneo (SELNH), de dos ecuaciones y dos incógnitas. Debe comprenderse que en general no es así, puede el sistema ser no lineal.

$$D_1 f(x, y) = 2x + 1 + y = 0$$

$$D_2 f(x, y) = 2y + 1 + x = 0$$

Resolvemos el sistema y obtenemos el punto crítico Los valores de x, y. Definiendo el punto (x, y)

$$\begin{cases} 2x + 1 + y = 0 \\ 2y + 1 + x = 0 \end{cases} \rightarrow$$

$$x = y = -1/3 \quad \rightarrow$$

$$a = (-1/3, -1/3)$$

Calculamos las segundas derivadas y conformamos la matriz Hessiana y aplicamos el teorema de la condición suficiente.

Evaluamos las derivadas parciales segundas en dicho punto:

$$A = D_{1,1} f(x, y) = f_{xx}(x, y) = 2 \quad \rightarrow$$
$$A(-1/3, -1/3) = 2 > 0$$

$$B = D_{1,2} f(x, y) = f_{xy}(x, y) =$$

$$= 1 = D_{2,1} f(x, y) \quad \rightarrow$$

$$B(-1/3, -1/3) = 1$$

$$C = D_{2,2} f(x, y) = f_{yy}(x, y) = 2 \quad \rightarrow$$
$$C(-1/3, -1/3) = 2$$

Por tanto, el Hessiano en dicho punto es

$$H = AC - B^2 = 4 - 1 = 3 > 0$$

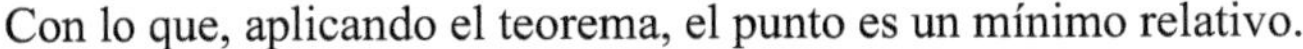

Con lo que, aplicando el teorema, el punto es un mínimo relativo.

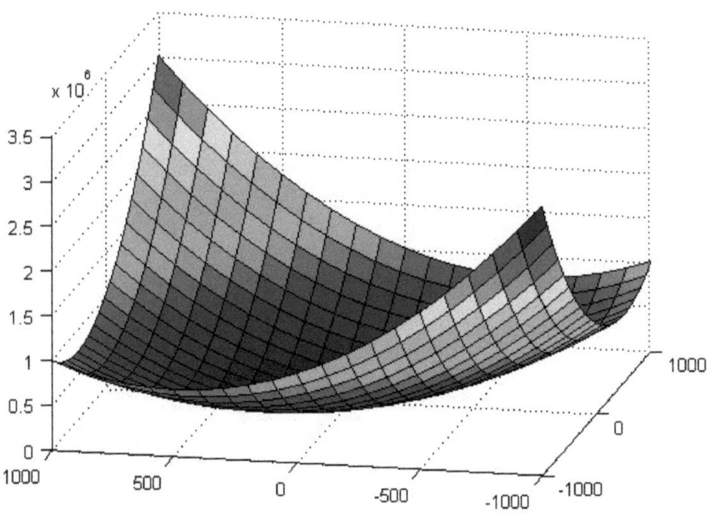

Ejercicio 2

$$f(x,y) = (x-1)^2 + (x-y)^4$$

Ver Solución

Buscamos los puntos críticos

Las derivadas parciales son

$$D_1 f(x,y) = f_x(x,y) = 2(x-1) + 4(x-y)^3$$
$$D_2 f(x,y) = f_y(x,y) = -4(x-y)^3$$

Los puntos críticos son aquellos que anulan a las derivadas parciales. Por tanto, queremos que

$$D_2 f(x,y) = -4(x-y)^3 = 0 \quad \rightarrow \quad x = y$$

$$D_1 f(x,y) = 2(x-1) + 4(x-y)^3 = 0 \quad \rightarrow \quad 2(x-1) + 4(x-x)^3 = 0 \quad \rightarrow$$
$$2(x-1) = 0 \quad \rightarrow \quad x = 1 = y$$

Tenemos un único punto crítico:

$$a = (1,1)$$

Evaluamos las derivadas parciales segundas en dicho punto:

$$A = D_{1,1}f(x,y) = f_{xx}(x,y) = 2 + 12(x-y)^2$$

$$\rightarrow \quad A(1,1) = 2 > 0$$

$$B = D_{1,2}f(x,y) = f_{xy}(x,y) = -12(x-y)^2 = D_{2,1}f(x,y)$$

$$\rightarrow \quad B(1,1) = 0$$

$$C = D_{2,2}f(x,y) = f_{yy}(x,y) = 12(x-y)^2$$

$$\rightarrow \quad C(1,1) = 0$$

El Hessiano en dicho punto es igual:

$$H = AC - B^2 = 0$$

Notemos que la función nunca es negativa por ser la suma de potencias pares, por tanto, el punto crítico debe ser donde se anula la función y, por tanto, se trata de un mínimo absoluto.

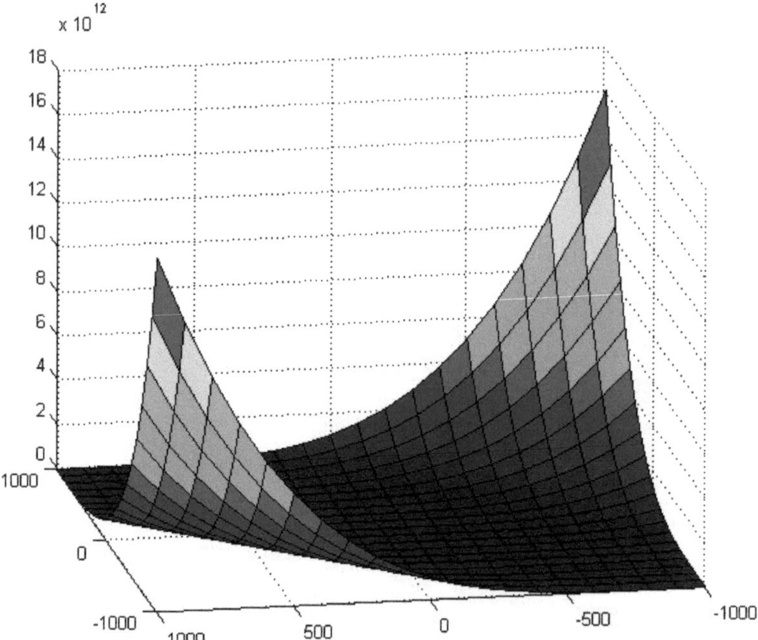

Ejercicio 3

$$f(x,y) = y^2 - x^3$$

Solución

Puntos críticos

Calculamos las derivadas parciales

$$D_1 f(x,y) = f_x(x,y) = -3x^2$$
$$D_2 f(x,y) = f_y(x,y) = 2y$$

Las igualamos a 0:

$$D_1 f(x,y) = -3x^2 = 0 \quad \rightarrow \quad x = 0$$

$$D_2 f(x,y) = 2y = 0 \quad \rightarrow \quad y = 0$$

Tenemos un único punto crítico:

$$a = (0,0)$$

Evaluamos las derivadas parciales segundas en el punto crítico:

$$A = D_{1,1} f(x,y) = f_{xx}(x,y) = -6x$$
$$\rightarrow \quad A(1,1) = 0$$

$$B = D_{1,2} f(x,y) = f_{xy}(x,y) = 0 = D_{2,1} f(x,y)$$

$$\rightarrow \quad B(1,1) = 0$$

$$C = D_{2,2} f(x,y) = f_{yy}(x,y) = 2$$

$$\rightarrow \quad C(1,1) = 2$$

Por tanto, el Hessiano en el punto crítico es

$$H = AC - B^2 = 0$$

Puesto que la función se anula en el origen, estudiamos el signo de la función en un entorno de éste, por ejemplo, en los ejes.

$$f(0,y) = y^2 \geq 0$$
$$f(x,0) = -x^3$$

Desde el origen, la función crece sobre el eje OY y, sobre el eje OX, decrece hacia la derecha y crece hacia la izquierda. Por tanto, se trata de un punto de silla.

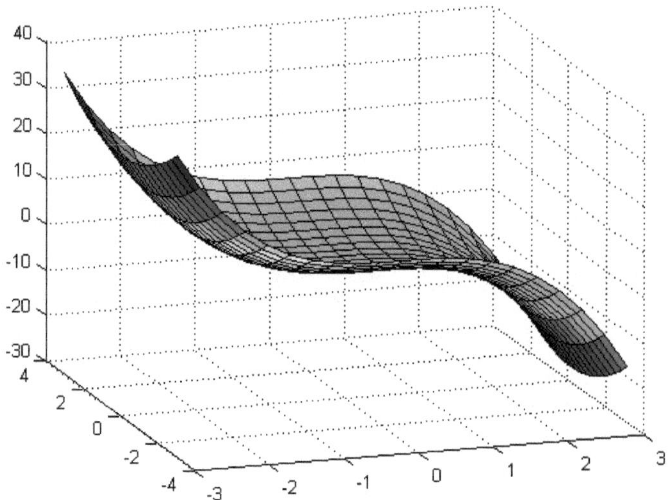

Ejercicio 4

$$f(x,y) = xy(1-x-y)$$

Puntos críticos.

Las derivadas parciales son

$$D_1f(x,y) = f_x(x,y) =$$

$$= y(1 - x - y) - xy =$$

$$= y - 2xy - y^2 =$$

$$= y(1 - 2x - y)$$

$$D_2f(x,y) = f_y(x,y) =$$

$$= x(1 - x - y) - xy =$$

$$= x - 2xy - x^2 =$$

$$= x(1 - 2y - x)$$

Los puntos críticos son aquellos que anulan a las derivadas parciales. Por tanto, queremos que

$$D_1f(x,y) = y(1 - 2x - y) = 0$$

$$\rightarrow \quad y = 0 \;\text{ ó }\; 1 - 2x - y = 0$$

$$D_2f(x,y) = x(1 - 2y - x) = 0$$

$$\rightarrow \quad x = 0 \;\text{ ó }\; 1 - 2y - x = 0$$

Tenemos cuatro puntos críticos:

$$y = 0 \;\;\&\;\; x = 0 \rightarrow \quad a = (0,0)$$

$$y = 0 \;\;\&\;\; 1 - 2y - x = 0 \;\rightarrow$$

$$y = 0 \;\;\&\;\; 1 - x = 0 \;\rightarrow\; b = (1,0)$$

$$1 - 2x - y = 0 \;\;\&\;\; x = 0 \;\rightarrow$$

$$x = 0 \;\;\&\;\; 1 - y = 0 \;\rightarrow\; c = (0,1)$$

$$\begin{cases} 1 - 2x - y = 0 \\ 1 - 2y - x = 0 \end{cases} \rightarrow\; x = y = 1/3$$

$$\rightarrow \quad d = (1/3, 1/3)$$

Las derivadas parciales segundas son

$$A = D_{1,1}f(x,y) = f_{xx}(x,y) = -2y$$

$$\begin{aligned} B &= D_{1,2}f(x,y) = f_{xy}(x,y) = \\ &= 1 - 2x - 2y = D_{2,1}f(x,y) \end{aligned}$$

$$C = D_{2,2}f(x,y) = f_{yy}(x,y) = -2x$$

El Hessiano en cada punto es

$$H(x,y) = AC - B^2 = 4xy - (1 - 2x - 2y)^2$$

$$\begin{aligned} &H(0,0) = -1 < 0 \quad \rightarrow \quad \textit{punto de silla} \\ &H(1,0) = -1 < 0 \quad \rightarrow \quad \textit{punto de silla} \\ &H(0,1) = -1 < 0 \quad \rightarrow \quad \textit{punto de silla} \\ &H(1/3,1/3) = 1/3 > 0 \end{aligned}$$

Para determinar el último punto crítico necesitamos saber el signo de

$$A(1/3,1/3) = D_{1,1}f(1/3,1/3) = -\frac{2}{3} < 0$$

Por tanto, , se trata de un máximo relativo.

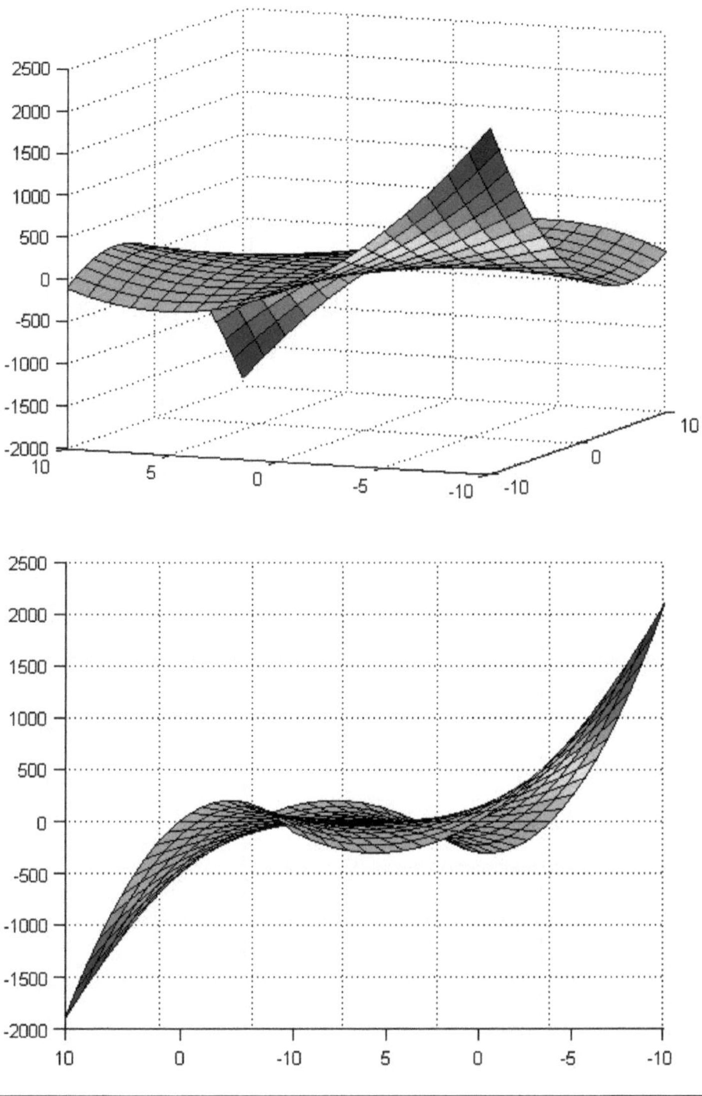

Ejercicio 5

$$f(x,y) = xye^{x+2y}$$

Primero calculamos los puntos críticos.

Las derivadas parciales son

$$D_1f(x,y) = f_x(x,y) =$$
$$= ye^{x+2y} + xye^{x+2y} =$$
$$= ye^{x+2y}(1+x)$$

$$D_2f(x,y) = f_y(x,y) =$$
$$= xe^{x+2y} + 2xye^{x+2y} =$$
$$= xe^{x+2y}(1+2y)$$

Los puntos críticos son aquellos que anulan a las derivadas parciales. Por tanto, queremos que

$$D_1f(x,y) = ye^{x+2y}(1+x) = 0$$
$$\rightarrow \quad y = 0 \quad ó \quad x = -1$$

$$D_2f(x,y) = xe^{x+2y}(1+2y) = 0$$
$$\rightarrow \quad x = 0 \quad ó \quad y = -1/2$$

Puesto que han de cumplirse las dos ecuaciones, tenemos dos puntos críticos:

$$(0,0), (-1,-1/2)$$

Las derivadas parciales segundas son

$$A = D_{1,1}f(x,y) = f_{xx}(x,y) =$$
$$= ye^{x+2y} + ye^{x+2y} + xye^{x+2y} =$$
$$= ye^{x+2y}(2+x)$$

$$B = D_{1,2}f(x,y) = f_{xy}(x,y) =$$
$$= e^{x+2y} + 2ye^{x+2y} + xe^{x+2y} + 2xye^{x+2y}$$
$$= e^{x+2y}(1+2y+x+2xy) =$$
$$= e^{x+2y}(1+x)(1+2y)$$

$$C = D_{2,2}f(x,y) = f_{yy}(x,y) = 4xe^{x+2y}(y+1)$$

El Hessiano es

$$H = AC - B^2 =$$
$$= 4xye^{2x+4y}(2+x)(y+1) - e^{2x+4y}(1+x)^2(1+2y)^2 =$$
$$= e^{2x+4y}(4xy(2+x)(y+1) - (1+x)^2(1+2y)^2)$$

$$H(0{,}0) = -e < 0 \quad \rightarrow \quad \textit{punto de silla}$$
$$H(-1,-1/2) = e^{-4} > 0$$

Necesitamos comprobar el signo de aa para estudiar el segundo punto crítico:

$$A(-1,-1/2) = -\frac{e^{-2}}{2} < 0$$

Por tanto, se trata de un máximo relativo.

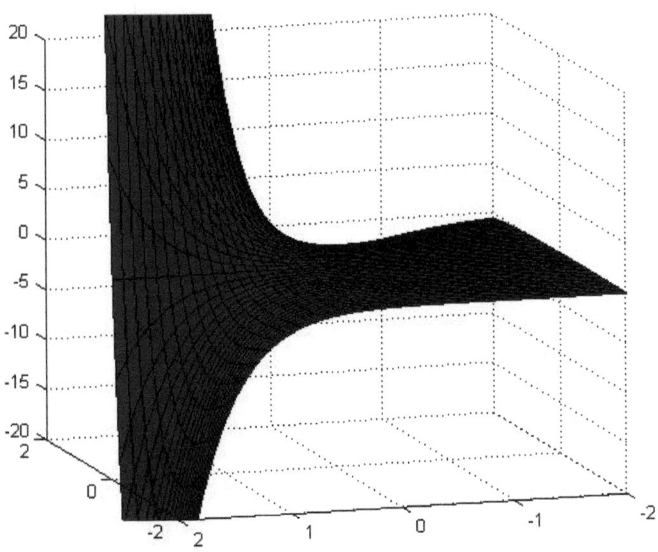

Ejercicio 6

$$f(x,y) = (x - y^2)(x - y^3)$$

Calculamos los puntos críticos.

Las derivadas parciales son

$$f(x,y) = (x - y^2)(x - y^3) = x^2 - xy^3 - y^2x + y^5$$

$$D_1f(x,y) = f_x(x,y) = 2x - y^3 - y^2$$
$$D_2f(x,y) = f_y(x,y) = -3xy^2 - 2yx + 5y^4$$

Los puntos críticos son aquellos que anulan a las derivadas parciales. Por tanto, queremos que

$$D_1f(x,y) = 2x - y^3 - y^2 = 0$$

$$D_2f(x,y) = y(-3xy - 2x + 5y^3) = 0$$

$$\rightarrow \quad y = 0 \quad \text{ó} \quad -3xy - 2x + 5y^3 = 0$$

Supongamos que $y = 0$, con lo que se cumple la primera ecuación y, de la segunda, tenemos que $x = 0$.

Asimismo, de la primera ecuación podemos despejar x:

$$x = \frac{y^3 + y^2}{2}$$

Sustituyendo en la segunda ecuación obtenemos

$$-3xy - 2x + 5y^3 = 0 \quad \& \quad x = \frac{y^3 + y^2}{2} \quad \rightarrow$$
$$-3\frac{y^4 + y^3}{2} - y^3 - y^2 + 5y^3 = 0 \quad \rightarrow$$
$$3y^4 - 5y^3 + 2y^2 = 0$$

Hay dos soluciones que son $y = 0$, pero ya hemos contemplado este caso. Luego la ecuación queda

$$3y^2 - 5y + 2 = 0 \rightarrow$$

$$y = 1 \quad \rightarrow \quad x = 1$$
$$y = 2/3 \quad \rightarrow \quad x = 10/27$$

Hemos obtenido tres puntos críticos:

$$(0,0), (1,1), (10/27, 2/3)$$

Derivadas parciales segundas:

$$D_1 f(x,y) = 2x - y^3 - y^2$$

$$D_2 f(x,y) = y(-3xy - 2x + 5y^3)$$

$$A = D_{1,1} f(x,y) = f_{xx}(x,y) = 2$$
$$B = D_{1,2} f(x,y) = f_{xy}(x,y) = -3y^2 - 2y = D_{2,1} f(x,y)$$
$$C = D_{2,2} f(x,y) = f_{yy}(x,y) = -6xy - 2x + 20y^2$$

Por tanto, el Hessiano en los puntos críticos es:

$$H(x,y) = AC - B^2 = -12xy - 4x + 40y^2 - (3y^2 + 2y)^2$$

$$H(0,0) = 0$$
$$H(1,1) = -12 - 4 + 40 - 25 = -1 \quad \rightarrow \quad \textit{punto de silla}$$
$$H(10/27, 2/3) = 56/9 > 0$$

Analizamos el signo de A en el tercer punto crítico:

$$A(10/27, 2/3) = 2 > 0\,,$$
$$H(10/27, 2/3) > 0 \quad \rightarrow$$

$$\textit{mínimo relativo}$$

Falta estudiar el origen:

$$f(x,y) = (x - y^2)(x - y^3)$$

La función se anula en 0, por lo que tenemos que estudiar el signo de ésta en un entorno de dicho punto (método de las regiones).

$$f(x,y) = \begin{cases} > 0, & si \quad x - y^2 > 0,\ x - y^3 > 0 \\ & ó \quad x - y^2 < 0,\ x - y^3 < 0 \\ < 0, & si \quad x - y^2 < 0,\ x - y^3 > 0 \\ & ó \quad x - y^2 > 0,\ x - y^3 < 0 \end{cases}$$

Representamos las distintas regiones:

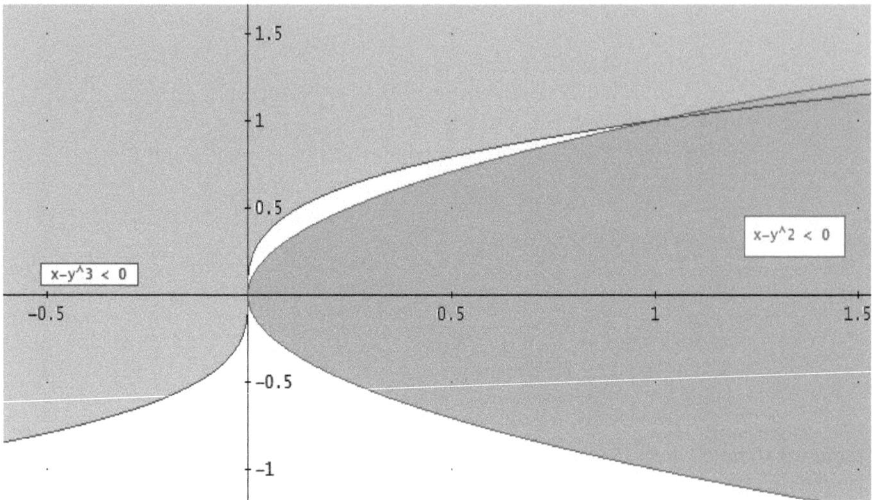

Ahora estudiamos el signo de la función en las distintas regiones:

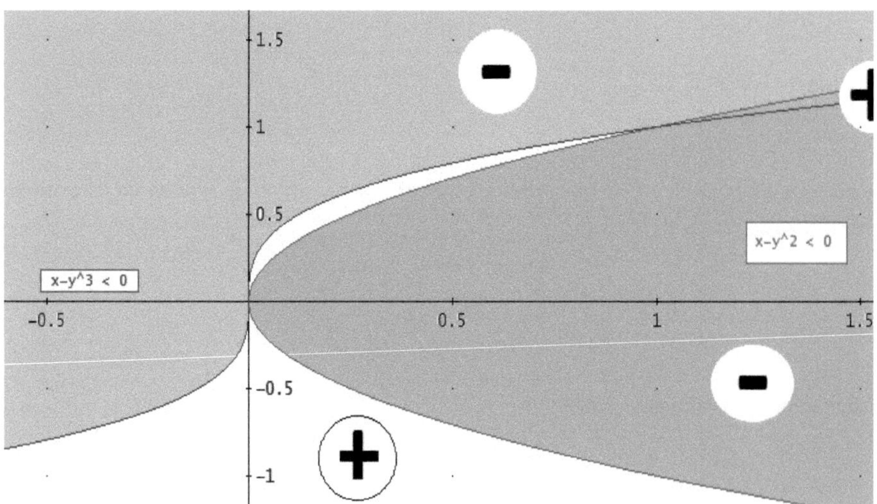

Tenemos signos positivos y negativos en cualquier entorno del origen, se trata, pues de un punto de silla.

$(0{,}0)$ *punto de silla*
$(1{,}1)$ *punto de silla*
$(10/27, 2/3)$ *mínimo relativo*

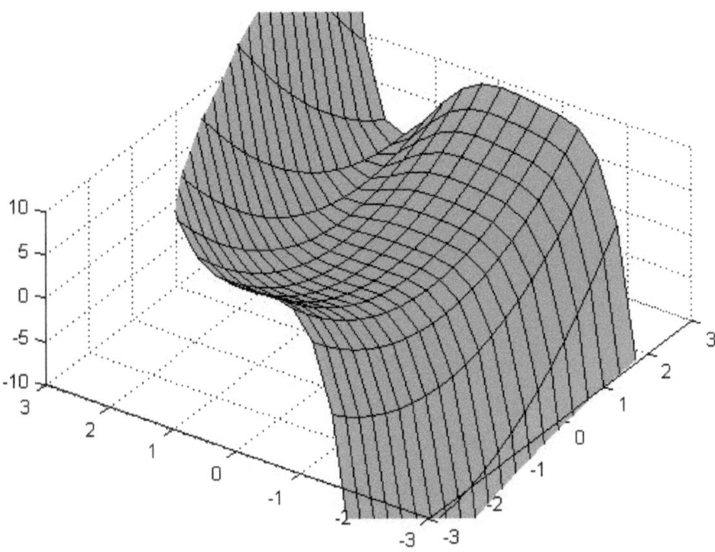
10
5
0
-5
-10
3
2
1
0
-1
-2
-3
-3
-2
-1
0
1
2
3

III. Integrales Múltiples

III.1 Integrales Dobles:

El cálculo de una integral doble se reduce a la determinación de las integrales iteradas (reiteradas), teniendo en cuenta el tipo de región de integración.

Se distinguen tres tipos de regiones de integración:

Región de tipo I

Sea la región G limitada por las curvas $y=\varphi_1(x);\quad y=\varphi_2(x)$ y las rectas $x=a;\quad x=b;$ además, las funciones $\varphi_1(x)$ y $\varphi_2(x)$ siempre son continuas en $[a;b]$ y $\varphi_1(x)\le\varphi_2(x)$. Entonces:

$$\iint_G f(x,y)dxdy=\int_a^b dx\int_{\varphi_1(x)}^{\varphi_2(x)} f(x,y)dy$$

Ejemplo:

Calcular la integral doble: $I=\iint_G \frac{x^2}{y^2}dxdy$ Si la región G está limitada por las curvas:

$$y=x;\;\; y=\frac{1}{x};\quad x=2.$$

Respuesta

$$I=\iint_G \frac{x^2}{y^2}dxdy=\int_1^2 dx\int_{\frac{1}{x}}^{x}\frac{x^2}{y^2}dy=\int_1^2 x^2\left(-\frac{1}{y}\Bigg|_{\frac{1}{x}}^{x}\right)dx=\int_1^2 x^2\left(-\frac{1}{x}+x\right)dx$$

$$=\int_1^2 (x^3 - x)dx = (\frac{x^4}{4} - \frac{x^2}{2})\Big|_1^2 = (4-2) - (\frac{1}{4} - \frac{1}{2}) = 2 + \frac{1}{4} = \frac{9}{4}$$

Región de tipo 2

Sea la región G limitada por las curvas $x = \phi_1(y);\quad x = \phi_2(y)$ y las rectas

$y = c;\quad y = d;$ Además, las funciones $\phi_1(y)$ y $\phi_2(y)$ siempre son continuas en $[c; d]$ y $\phi_1(y) \le \phi_2(y)$. Entonces:

$$\iint_G f(x,y)dxdy = \int_c^d dy \int_{\phi_1(y)}^{\phi_2(y)} f(x,y)dx$$

Ejemplo:

Resolver el ejemplo anterior considerando la región dada como de tipo 2

Respuesta

$$I = \iint_G \frac{x^2}{y^2}dxdy = \int_{\frac{1}{2}}^{1} dy \int_{\frac{1}{y}}^{2} \frac{x^2}{y^2}dx + \int_1^2 dy \int_y^2 \frac{x^2}{y^2}dx = \int_{\frac{1}{2}}^{1} \frac{x^3}{3y^2}\Bigg|_{\frac{1}{y}}^{2} dy + \int_1^2 \frac{x^3}{3y^2}\Bigg|_y^2 dy = \int_{\frac{1}{2}}^{1} \frac{1}{3y^2}(8 - \frac{1}{y^3})dy +$$

$$+ \int_1^2 \frac{1}{3y^2}(8 - y^3)dy = \int_{\frac{1}{2}}^{1} \frac{1}{3}(\frac{8}{y^2} - \frac{1}{y^5})dy + \int_1^2 \frac{1}{3}(\frac{8}{y^2} - y)dy = \frac{1}{3}(-\frac{8}{y} + \frac{1}{4y^4})\Bigg|_{\frac{1}{2}}^{1} +$$

$$+ \frac{1}{3}(-\frac{8}{y} - \frac{y^2}{2})\Bigg|_1^2 = \frac{1}{3}\left[(-8 + \frac{1}{4}) - (-16 + 4)\right] + \frac{1}{3}\left[(-4-2) - (-8 - \frac{1}{2})\right] =$$

$$= \frac{1}{3}\left[-8 + 12 + 2 + \frac{1}{4} + \frac{1}{2}\right] = \frac{1}{3}\left[6 + \frac{3}{4}\right] = 2 + \frac{1}{4} = \frac{9}{4}.$$

Ejemplo:

Cambiar el orden de integración en la integral:

$$\int_0^1 dy \int_{-\sqrt{1-y^2}}^{1-y} f(x,y)dx.$$

Para calcular una integral doble se deben analizar las integrales iteradas en ambos órdenes de integración y luego se escoge en que resulte más eficiente. Esta conveniencia está determinada por dos razones importantes:

1) El número de integrales iteradas a plantear para la evaluación de la integral doble.

2) La dificultad de la integración a realizar.

A una Región del tipo I se le llama región regular respecto a y y a una Región del tipo II se le llama región regular respecto a x.

Una región de tipo III es aquella que puede descomponerse en la unión de regiones de tipos I y II.

Metodología para el cálculo de una integral doble:

1) Dibujar la región de integración.

2) Analizar las integrales iteradas en ambos órdenes de integración.

3) Elección del orden de integración adecuado.

Ejemplo:

Calcular $\iint_R \frac{sen\, x}{x} dxdy; \quad x \neq 0$ en la región $R = \{(x;y) \in \Re^2 : \quad x^2 \leq y \leq x\}$

Respuesta:

La función $f(x;y) = \frac{sen\, x}{x}$ es integrable en la región R, ya que bastaría tomar $f(x;y) = 1$ en $x = 0$ para hacerla continua en todos los puntos de dicha región, esto es posible pues $\lim_{x \to 0} \frac{sen\, x}{x} = 1.$

Dibujemos la región de integración.

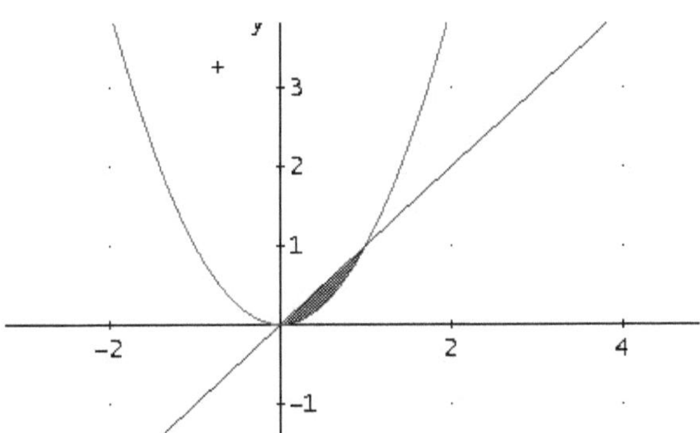

Con un simple análisis se pone de manifiesto que en cualquiera de los órdenes de integración solo se necesita una integral iterada para calcular la integral doble planteada

Si nos proponemos integrar primero la variable x y luego la variable y tendremos:

$$\iint_R \frac{sen\, x}{x} dxdy = \int_0^1 dy \int_y^{\sqrt{y}} \frac{sen\, x}{x} dx;$$

Pero la función $f(x;y) = \dfrac{sen\, x}{x}$ no tiene primitiva en términos de suma, producto o composición de un número finito de funciones elementales; luego no es posible obtener el valor de esta integral doble mediante esta integral iterada. Veamos entonces si es posible calcularla mediante el otro orden de integración:

$$\iint_R \frac{sen\,x}{x} dxdy = \int_0^1 dx \int_x^{x^2} \frac{sen\,x}{x} dy = \int_0^1 \frac{sen\,x}{x}(x^2 - x)dx = \int_0^1 (x \cdot sen\,x - sen\,x)dx$$

$$= sen\,1 - 1.$$

Aplicaciones de la integral doble.

1) Si se necesita calcular el área de una región R en el plano, basta tomar como integrando la función $f(x;y) = 1$ y como región de integración la región cuya área se necesita determinar, entonces:

$$A_R = \iint_R dxdy$$

Ejemplo:

Calcular el área de la región:

$$R = \left\{ (x;y) \in \Re^2 : \ \frac{y^2}{8} \le x \le 2 \right\}$$

Respuesta:

$$A_R = \int_{-4}^{4} dy \int_{\frac{y^2}{8}}^{2} dx = 2\int_0^4 dy \int_{\frac{y^2}{8}}^{2} dx = 2\int_0^4 (2 - \frac{y^2}{8})dy = \frac{32}{3} u^2.$$

Consideremos una lámina delgada de grosor despreciable y cuya densidad superficial de masa viene dada por la función $d(x;y)$

2) La masa de esta lámina se calcula mediante el uso de una integral doble. Así, si la lámina ocupa una región R del plano xy, su masa m se determina por la siguiente fórmula:

$$m = \iint_R d(x;y)dxdy$$

3) Los momentos de primer orden M_x y M_y de la lámina respecto a los ejes coordenados x y y se calculan a través de las expresiones.

$$M_x = \iint_R y \cdot d(x;y)dxdy \quad \text{y} \quad M_y = \iint_R x \cdot d(x;y)dxdy$$

4) Los momentos de inercia de la lámina respecto a los ejes coordenados se obtienen como a continuación se expresa:

$$I_x = \iint_R y^2 \cdot d(x;y)dxdy \quad \text{y} \quad I_y = \iint_R x^2 \cdot d(x;y)dxdy.$$

La suma de los momentos anteriores proporciona el momento polar de inercia de la masa de la lámina $I_0 = M_x + M_y$, es decir $I_0 = \iint_R (x^2 + y^2) \cdot d(x;y)dxdy$

5) Sea el par ordenado $(\bar{x};\bar{y})$ que representa las coordenadas del centro de gravedad de la lámina, entonces:

$$\bar{x} = \frac{\iint_R x \cdot d(x;y)dxdy}{m} \quad \text{y} \quad \bar{y} = \frac{\iint_R y \cdot d(x;y)dxdy}{m}.$$

Si la función $d(x;y)$ es constante en tos los puntos de la región R, las fórmulas anteriores expresarán las coordenadas del centroide o centro geométrico de la lámina, estas son:

$$x_c = \frac{\iint_R xdxdy}{A_R} \quad \text{y} \quad y_c = \frac{\iint_R ydxdy}{A_R}.$$

III.2 Cambio de variables en la integral doble.

Para una integral unidimensional $\int_a^b f(x)dx$ puede efectuarse un cambio de variables mediante la fórmula:

$\int_a^b f(x)dx = \int_c^d f[g(t)] \cdot g'(t)dt,$ Donde:

$$x = g(t); \ dx = g'(t)dt; \ a = g(c); \ \ b = g(d);$$

Siempre que la función $g : \Re \to \Re$ tenga derivadas continuas en el intervalo $[c;d]$ y que $f(x)$ sea continúa en el conjunto de valores que toma $g(t)$ al variar t en el intervalo $[c;d]$.

Para el caso del cambio de variables en las integrales dobles, $\iint_R f(x,y)dxdy$ el método de sustitución resulta más laborioso ya que tenemos que hacer dos sustituciones, una para la variable x y otra para la variable y, pero en esencia es análogo y culmina con una expresión equivalente.

Sea $f : \Re^2 \to \Re$ una función integrable en una región $R \subset \Re^2$.

Sean $\begin{matrix} h_1 : \Re^2 \to \Re \\ x = h_1(u;v) \end{matrix}$ $\qquad$ $\begin{matrix} h_2 : \Re^2 \to \Re \\ y = h_2(u;v) \end{matrix}$

Funciones continúas con derivadas, continuas en una región S del plano UV , tales que establecen correspondencia biunívoca entre R y S, entonces:

$$\iint_R f(x,y)dxdy = \iint_S F(u,v)\left|J(\frac{x,y}{u,v})\right|dudv.$$

Siendo $F(u,v)=f\left[h_1(u,v),h_2(u,v)\right]$ y $\left|J(\frac{x,y}{u,v})\right|=\begin{vmatrix}\frac{\partial x}{\partial u} & \frac{\partial x}{\partial v}\\ \frac{\partial y}{\partial u} & \frac{\partial y}{\partial v}\end{vmatrix}$ el determinante del Jacobiano de la transformación de las coordenadas (x,y) a las coordenadas (u,v) con la condición de que $J(\frac{x,y}{u,v})\neq 0$ excepto, quizás, en un conjunto de contenido nulo.

Entre las coordenadas curvilíneas las más usadas son las coordenadas polares:

$x=r\cos\varphi;\qquad y=r\,sen\,\varphi;$

Llamadas ecuaciones de transformación directas, para las cuales:

$$J(r,\varphi)=\begin{vmatrix}\frac{\partial x}{\partial r} & \frac{\partial x}{\partial \varphi}\\ \frac{\partial y}{\partial r} & \frac{\partial y}{\partial \varphi}\end{vmatrix}=\begin{vmatrix}\cos\varphi & -r\,sen\,\varphi\\ sen\,\varphi & r\cos\varphi\end{vmatrix}=r\cos^2\varphi+r\,sen^2\varphi=r(\cos^2\varphi+sen^2\varphi)=r$$

Ejemplo:

Calcular $\iint\limits_G (x^2+y^2)dxdy$ donde G es la región limitada por la circunferencia

$x^2+y^2=2ax$

Respuesta:

La función $f(x,y)=x^2+y^2$ y la región de integración G pueden expresarse de forma muy simple en coordenadas polares.

En efecto.

$f(x,y)=x^2+y^2=r^2\cos^2\varphi+r^2sen^2\varphi=r^2$

$x^2+y^2=2ax;$ es equivalente a $r^2=2ar\cos\varphi$ por lo que $r=2a\cos\varphi$

Así, $\iint_G (x^2+y^2)dxdy = \int_{-\frac{\pi}{2}}^{\frac{\pi}{2}} d\varphi \int_0^{2a\cos\varphi} r^3 dr = \int_{-\frac{\pi}{2}}^{\frac{\pi}{2}} d\varphi \int_0^{2a\cos\varphi} r^3 dr =$

$$= \int_{-\frac{\pi}{2}}^{\frac{\pi}{2}} \left(\frac{r^4}{4}\Big|_0^{2a\cos\varphi}\right) d\varphi = 4a^4 \int_{-\frac{\pi}{2}}^{\frac{\pi}{2}} \cos^4\varphi d\varphi = \frac{3}{2}\pi a^4.$$

Las ecuaciones de transformación de coordenadas polares a cartesianas, llamadas ecuaciones de transformación inversas son:

$$\rho = \sqrt{x^2+y^2} \qquad \varphi = arc\tan(\frac{y}{x}), \quad (x \neq 0).$$

Ejercicios.

1) Calcular las siguientes integrales dobles en las regiones que se indican.

(a) $\iint_R x dxdy \qquad R = \{(x;y) \in \Re^2: \ x \leq y \leq 1; \ x \geq 0\}$

(b) $\iint_R e^{\frac{x}{y}} dxdy \qquad R = \{(x;y) \in \Re^2: \ 0 \leq x \leq y^2; \ 0 \leq y \leq 1\}$

(c) $\iint_R x.y dxdy \qquad R = \{(x;y) \in \Re^2: \ 2-x \leq y \leq 3; \ y \leq 4-x^2\}$

(d) $\iint_R (x-y) dxdy \qquad R = \{(x;y) \in \Re^2: \ x \leq y \leq 3x; \ x+y \geq 4; \ x \leq 4\}$

(e) $\iint_R (x+y^2) dxdy \qquad R = \{(x;y) \in \Re^2: \ -x \leq y \leq x; \ x \leq 1\}$

(f) $\iint_R x.y dxdy \qquad R = \{(x;y) \in \Re^2: \ x^2 \leq y \leq 4 \}$

(g) $\iint\limits_R \frac{dxdy}{\sqrt{1-x^2-y^2}}$ donde R es la parte del círculo de radio 1, con centro el el origen, limitada al primer cuadrante.

2) Representar gráficamente en el plano XY las regiones de integración y determinar los nuevos límites de integración, si el orden de los mismos se invierte.

(a) $\int_0^4 dx \int_{3x^2}^{12x} f(x;y)dy$ (b) $\int_0^1 dy \int_{-\sqrt{1-y^2}}^{1-y} f(x;y)dx$

(c) $\int_0^{2\sqrt{2}} dy \int_2^4 f(x;y)dx + \int_{2\sqrt{2}}^4 dy \int_{\frac{y^2}{4}}^4 f(x;y)dx$

(3) Calcular el área de las regiones planas que se dan a continuación:

(a) $R = \{(x;y) \in \Re^2 : \quad x^2 \leq y \leq x+2\}$

(b) $R = \{(x;y) \in \Re^2 : \quad y \leq x \leq 10 - y; \quad 0 \leq y \leq 4\}$

(c) $R = \{(x;y) \in \Re^2 : \quad x^2 + y^2 \leq 25; \quad 0 \leq x \leq 3\}$

(d) $R = \{(x;y) \in \Re^2 : \quad (x-5)^2 + y^2 \leq 25; \quad 20 - 3y \leq 4x \leq 20 + 3y\}$

(e) $R = \{(x;y) \in \Re^2 : \quad x^2 + y^2 \leq 4y; \quad y \geq 3; \quad x \geq 0\}$

4) Calcular la masa de las láminas siguientes:

(a) $R = \{(x;y) \in \Re^2 : \quad 0 \leq y \leq x^2 + 1; \quad 0 \leq x \leq 2\}$, siendo la densidad superficial de masa $d(x;y) = x^2$

(b) $R=\left\{(x;y)\in\Re^2:\quad x.y\leq 3;\ \dfrac{x}{3}\leq y\leq 3x;\quad x\geq 0\right\}$, siendo la densidad superficial de masa $d(x;y)=(y+3)^2$

5) Calcular los momentos de primer orden respecto a los ejes coordenados de una lámina dada por:

$R=\left\{(x;y)\in\Re^2:\quad \dfrac{1}{4}\leq(4-y^2)\leq x\leq 4-y^2;\right\}$, siendo la densidad superficial de masa $d(x;y)=y^2$

6) Calcular el momento polar de inercia de las siguientes láminas.

(a) $R=\left\{(x;y)\in\Re^2:\quad x^2+y^2\leq a^2;\quad x+y\geq a;\quad a\in\Re\right\}$

(b) $R=\left\{(x;y)\in\Re^2:\quad 4\leq x^2+y^2\leq 4x\right\}$

I.2 Integrales Triples:

El cálculo de una integral triple en coordenadas cartesianas se reduce al cálculo sucesivo de una integral simple y una integral doble o al cálculo de tres integrales simples.

- Si la región de integración W es de la forma:

$W=\left\{(x;y;z)\in\Re^3:(x;y)\in S;\quad z_1(x;y)\leq z\leq z_2(x;y)\right\}$

Esta región se caracteriza por estar limitada por las superficies $z=z_1(x;y)$ y $z=z_2(x;y)$ en la dirección del eje Z, siendo su proyección en el plano XY la superficie bidimensional S.

$$\iiint_W f(x,y,z)dxdydz=\iint_S dxdy\int_{z_1(x,y)}^{z_2(x,y)} f(x,y,z)dz$$

Ejemplo:

Calcúlese $\iiint\limits_T zdxdydz$ si la región T está limitada por los planos $x+y+z=1$, $z=0,\ \ y=0,\ \ \ x=0.$

Respuesta:

$$\iiint\limits_T zdxdydz=\int_0^1 dx\int_0^{1-x} dy\int_0^{1-x-y} zdz=\int_0^1 dx\int_0^{1-x}\left(\frac{z^2}{2}\Big|_0^{1-x-y}\right)dy=\frac{1}{2}\int_0^1 dx\int_0^{1-x}(1-x-y)^2dy$$

$$=\frac{1}{2}\int_0^1\left[-\frac{(1-x-y)^3}{3}\Big|_0^{1-x}\right]dx=\frac{1}{6}\int_0^1(1-x)^3dx=\frac{1}{6}\left[-\frac{(1-x)^4}{4}\Big|_0^1\right]=\frac{1}{24}$$

- Si la región de integración W es de la forma:

$$W=\{(x;y;z)\in\Re^3:(x;z)\in S;\quad y_1(x;z)\leq y\leq y_2(x;y)\}$$

Esta región se caracteriza por estar limitada por las superficies $y=y_1(x;z)$ y $y=y_2(x;z)$ en la dirección del eje Y, siendo su proyección en el plano XZ la superficie bidimensional S.

$$\iiint\limits_W f(x,y,z)dxdydz=\iint\limits_S dxdz\int_{y_1(x,z)}^{y_2(x,z)} f(x,y,z)dy.$$

- Si la región de integración W es de la forma:

$$W=\{(x;y;z)\in\Re^3:(y;z)\in S;\quad x_1(y;z)\leq x\leq x_2(y;z)\}$$

Esta región se caracteriza por estar limitada por las superficies $x=x_1(y;z)$ y $x=x_2(y;z)$ en la dirección del eje X siendo su proyección en el plano YZ la superficie bidimensional S.

$$\iiint\limits_W f(x,y,z)dxdydz=\iint\limits_S dydz\int_{x_1(y,z)}^{x_2(y,z)} f(x,y,z)dx$$

Metodología para el cálculo de una integral triple

1) Dibujar la región de integración.

2) Analizar las integrales iteradas:

- Integrar primero la variable z y mantener constantes las variables x y y y calculando luego la integral doble en la proyección S de la región W en el plano XY.

- Integrar primero la variable y y mantener constantes las variables x y z y calculando luego la integral doble en la proyección S de la región W en el plano XZ.

- Integrar primero la variable x y mantener constantes las variables y y y y calculando luego la integral doble en la proyección S de la región W en el plano YZ.

3) Elección del orden de integración adecuado

De las tres formas anteriores se escogerá la más simple, teniendo en cuenta dos factores.

- El número de integrales iteradas que se requiere calcular en cada orden de integración.

- La complejidad del integrando que resulte para cada orden de integración.

Ejemplo:

Calcular la integral triple

$$\iiint_W (1+x+y+z)dxdydz; \quad W = \{(x;y;z) \in \Re^3 : \ x+z \leq y \leq 4; \ 0 \leq z \leq 2; \ x \geq 0\}$$

- Dibujar la región de integración.

- Analizar las integrales en todos los órdenes de integración

- Tomemos la variable x para la primera integración, entonces la proyección S de la región W se hará sobre el plano YZ, de ahí que:

  $0 \le x \le y - z$ y $S = S_{YZ} = \{(y;z) \in \Re^2 : z \le y \le 4;\ 0 \le z \le 2\}$

$$\iiint_W (1 + x + y + z)dxdydz = \int_0^2 dz \int_z^4 dy \int_0^{y-z} (1 + y + z)dx$$

- Seleccionemos la variable y para la primera integración, entonces la proyección S de la región W se hará sobre el plano XZ, de ahí que:

  $x + z \le y \le 4$ y $S = S_{XZ} = \{(x;z) \in \Re^2 : 0 \le x \le 4 - z;\ 0 \le z \le 2\}$

$$\iiint_W (1 + x + y + z)dxdydz = \int_0^2 dz \int_z^{4-z} dx \int_{x+z}^4 (1 + y + z)dy$$

- Escojamos la variable z para la primera integración, entonces la proyección S de la región W se hará sobre el plano XY, de ahí que:

  $S = S_{XY} = S_1 \cup S_2 \cup S_3$

$S_1 = \{(x;y) \in \Re^2 : x \le y \le 2 + x;\ 0 \le x \le 2\}$ y $0 \le z \le y - x$

$S_2 = \{(x;y) \in \Re^2 : x \le y \le 4;\ 2 \le x \le 4\}$ y $0 \le z \le y - x$

$S_3 = \{(x;y) \in \Re^2 : 2 + x \le y \le 4;\ 0 \le x \le 2\}$ y $0 \le z \le 2$.

Entonces:

$$\iiint_W (1 + x + y + z)dxdydz = \iint_{S_1}\left[\int_0^{y-x} (1 + x + y + z)dz\right]dxdy + \iint_{S_2}\left[\int_0^{y-x} (1 + x + y + z)dz\right]dxdy +$$

$$+ \iint_{S_3}\left[\int_0^2 (1 + x + y + z)dz\right]dxdy.$$ Por lo tanto:

$$\iiint_W (1+x+y+z)dxdydz = \int_0^2 dx \int_x^{2+x} dy \int_0^{y-z} (1+y+z)dz + \int_2^4 dx \int_x^4 dy \int_0^{y-x} (1+y+z)dz +$$

$$+ \int_0^2 dx \int_{2+x}^4 dy \int_0^2 (1+y+z)dz.$$

De los tres planteamientos hechos, se observa que el número de integrales iteradas está determinado por la complejidad de la proyección de la región de integración, y como el integrando no ofrece dificultades para integrarlo en ningún orden es evidente que se debe calcular la integral proyectando la región W en uno de los planos XZ ó YZ. Escojamos esta última, es decir primero vamos a integrar respecto a la variable x.

$$\iiint_W (1+x+y+z)dxdydz = \int_0^2 dz \int_z^4 dy \int_0^{y-z} (1+y+z)dx$$

$$= \int_0^2 dz \int_z^4 \left[(1+y+z)x \Big|_0^{y-z} \right] dy$$

$$= \int_0^2 dz \int_z^4 [(1+y+z)(y-z)] dy$$

$$= \int_0^2 dz \int_z^4 (y-z+y^2-z^2) dy$$

$$= \int_0^2 \left[\left(\frac{y^2}{2} - yz + \frac{y^3}{3} - yz^2\right) \Big|_z^4 \right] dz$$

$$= \int_0^2 \left(\frac{88}{3} - 4z - \frac{7}{2}z^2 + \frac{2}{3}z^3\right) dz = 44$$

Aplicaciones de la integral Triple

1) El volumen de una región $W \subset \Re^3$ se determina mediante la integral triple.

$$V_W = \iiint_W dxdydz.$$

Ejemplo:

Calcular el volumen del sólido definido por la región:

$$W = \left\{ (x;y;z) \in \Re^3 : 0 \le z \le \frac{2-x}{2};\ \frac{x^2}{4} \le y \le 1;\ x \ge 0 \right\}$$

Solución:

La región de integración está formada por los planos: $x + 2z = 2$; $z = 0$; $y = 1$ y $x = 0$ y el cilindro parabólico $4y = x^2$.

Hagamos la proyección de W sobre el plano XY

$$V_W = \iiint_W dxdydz = \iint_{S_{XY}} \left[\int_0^{2-x} dz \right] dxdy = \int_0^2 dx \int_{\frac{x^2}{4}}^{1} dy \int_0^{2-x} dz = \frac{5}{6} u^3.$$

2) La masa de un cuerpo de densidad de masa variable $d(x;y;z)$ se calcula mediante el uso de una integral triple. Así, si el cuerpo ocupa una región W del espacio XYZ su masa m se determina por la siguiente fórmula:

$$m = \iiint_W d(x;y;z)dxdydz$$

3) Los momentos de primer orden M_{xy}, M_{yz} y M_{xz} del cuerpo respecto a los planos coordenados XY; YZ y XZ se calculan a través de las expresiones.

$$M_{XY} = \iiint_W z \cdot d(x;y;z)dxdydz; \qquad M_{YZ} = \iiint_W x \cdot d(x;y;z)dxdydz$$

$$M_{XZ} = \iiint_W y \cdot d(x;y;z)dxdydz.$$

4) Los momentos de inercia o de segundo orden del cuerpo respecto a los ejes coordenados se obtienen como a continuación se expresa:

$$I_{ZZ} = \iint_R (x^2 + y^2) \cdot d(x;y;z)dxdydz; \qquad I_{YY} = \iint_R (x^2 + z^2) \cdot d(x;y;z)dxdydz; \text{ y}$$

$$I_{XX} = \iint_R (y^2 + z^2) \cdot d(x;y;z)dxdydz.$$

5) Sea el par ordenado $(\bar{x};\bar{y};\bar{z})$ que representa las coordenadas del centro de gravedad del cuerpo, entonces:

$$\bar{x} = \frac{\iiint_W xd(x;y;z)dxdydz}{m} \quad \bar{y} = \frac{\iiint_W yd(x;y;z)dxdydz}{m} \quad \text{y} \quad \bar{z} = \frac{\iiint_W zd(x;y;z)dxdydz}{m}$$

Si la función $d(x;y;z)$ es constante en tos los puntos de la región W, las fórmulas anteriores expresarán las coordenadas del centroide o centro geométrico del cuerpo, estas son:

$$x_c = \frac{\iiint_W xdxdydz}{V_W}; \qquad y_c = \frac{\iiint_W ydxdydz}{V_W} \quad \text{y} \quad z_c = \frac{\iiint_W zdxdydz}{V_W}$$

Cambio de variables en la integral triple.

Si en la integral triple $\iiint_W f(x;y;z)dxdydz$ se cambian las variables según las fórmulas:

$x = x(u;v;w)$; $y = y(u;v;w)$, $z = z(u;v;w)$ y además las funciones $x(u;v;w)$; $y(u;v;w)$, $z(u;v;w)$ realizan una aplicación biunívoca de la región W del espacio XYZ en la región W_1 del espacio UVW y el jacobiano de la transformación:

$$J(\frac{x;y;z}{u;v;w}) = \begin{vmatrix} \frac{\partial x}{\partial u} & \frac{\partial x}{\partial v} & \frac{\partial x}{\partial w} \\ \frac{\partial y}{\partial u} & \frac{\partial y}{\partial v} & \frac{\partial y}{\partial w} \\ \frac{\partial z}{\partial u} & \frac{\partial z}{\partial v} & \frac{\partial z}{\partial w} \end{vmatrix}$$

No sea nulo. Entonces es válida la transformación:

$$\iiint_W f(x;y;z)dxdydz = \iiint_{W_1} F(u;v;w)\left|J(\frac{x;y;z}{u;v;w})\right|dudvdw$$

Siendo $F(u;v;w) = f[x(u;v;w); y(u;v;w); z(u;v;w)]$

Entre las coordenadas curvilíneas existen dos tipos que son las más usadas: las coordenadas cilíndricas y las esféricas.

Coordenadas cilíndricas

Ecuaciones de transformación directa | Ecuaciones de transformación inversa.

$x = \rho.\cos\varphi$

$y = \rho sen\varphi$

$z = z$

$\rho = \sqrt{x^2 + y^2}$

$\varphi = arc\tan\frac{y}{x};\ (x \neq 0)$

$z = z$

$$\rho \geq 0;\quad 0 \leq \varphi \leq 2\pi;\quad \mathrm{z} \in \Re.$$

Las superficies coordenadas en coordenadas cilíndricas son:

- $\rho = a$: Cilindro circular recto, de radio a y de eje coincidente con el eje z.

- $\varphi = \alpha$: Semiplano perpendicular al plano XY y que contiene al eje z.

- $z = c$: Plano paralelo al plano XY.

El jacobiano de la transformación es:

$$J\left(\frac{x;y;z}{\rho;\varphi;z}\right)=\begin{vmatrix}\frac{\partial x}{\partial\rho} & \frac{\partial x}{\partial\varphi} & \frac{\partial x}{\partial z}\\ \frac{\partial y}{\partial\rho} & \frac{\partial y}{\partial\varphi} & \frac{\partial y}{\partial z}\\ \frac{\partial z}{\partial\rho} & \frac{\partial z}{\partial\varphi} & \frac{\partial z}{\partial z}\end{vmatrix}=\begin{vmatrix}\cos\varphi & -\rho\cdot sen\varphi & 0\\ sen\varphi & \rho\cdot\cos\varphi & 0\\ 0 & 0 & 1\end{vmatrix}=\rho$$

La fórmula de transformación de coordenadas cartesianas a coordenadas cilíndricas es la siguiente:

$$\iiint_W f(x;y;z)dxdydz=\iiint_{W_{\rho\varphi z}} F(\rho;\varphi;z).\rho.d\rho.d\varphi.dz$$

Metodología para el cálculo de una integral triple en coordenadas cilíndricas.

- Dibujar la región de integración que se expresa en coordenadas cartesianas.

-Transformar a coordenadas cilíndricas las ecuaciones de las superficies que conforman la región de integración.

- Transformar el integrando a coordenadas cilíndricas.

- Con el uso de las curvas coordenadas elegir el orden de integración más apropiado para las integrales iteradas.

- Calcular la integral.

Ejemplo

Calcular $I=\iiint_W xdxdydz$ si $W=\{(x;y;z)\in\Re^3 : 0\le z\le 9-(x^2+y^2);\ 0\le y\le x\}$

Solución

$z=0\rightarrow$ Plano XY

$z=9-(x^2+y^2)$

$x^2+y^2=-(z-9)\rightarrow$ Paraboloide circular con vértice en el punto $(0;0;9)$ y eje Z

$y=0\rightarrow$ Plano XZ

$y=x\rightarrow$ Plano perpendicular al plano XY y que contiene al eje Z.

Transformación de coordenadas

Cartesianas	Cilíndricas
$z=0\rightarrow$	$z=0$
$x^2+y^2=-(z-9)\rightarrow$	$z=9-\rho^2$
$y=0\rightarrow$	$\varphi=0$
$y=x\rightarrow$	$\varphi=\frac{\pi}{4}$
$f(x;y;z)=x\rightarrow$	$f(\rho;\varphi;z)=\rho\cos\varphi$

$$I=\iiint_W xdxdydz=\int_0^{\frac{\pi}{4}}d\varphi\int_0^3 d\rho\int_0^{9-\rho^2}\rho^2\cos\varphi.dz=\frac{81}{5}\sqrt{2}$$

El ejemplo anterior se ha resuelto integrando primero respecto a la variable z, donde ha sido posible obtener los límites de ρ y φ en la proyección del sólido sobre el plano XY; otra combinación de las variables para determinar los límites de integración tiene que hacerse sin realizar proyecciones.

Coordenadas Esféricas

Ecuaciones de transformación directa	Ecuaciones de transformación inversa.
$x=\rho.sen\phi\cdot\cos\varphi$	$\rho=\sqrt{x^2+y^2+z^2}$

$y = \rho \cdot sen\phi \cdot sen\varphi$ $\qquad\qquad$ $\varphi = arc\tan\frac{y}{x};\ (x \neq 0)$

$z = \rho.\cos\phi$ $\qquad\qquad$ $\phi = arc\tan\frac{\sqrt{x^2+y^2}}{z};\ (z \neq 0)$

$$\rho \geq 0;\quad 0 \leq \varphi \leq 2\pi;\quad 0 \leq \phi \leq \pi.$$

Las superficies coordenadas en coordenadas esféricas son:

- $\rho = a$: Esfera de centro en el origen y radio a.

- $\varphi = \alpha$:Semiplano perpendicular al plano XY y que contiene al eje z.

- $\phi = \beta$: Semicono circular que se desarrolla según el eje z.

El jacobiano de la transformación es:

$$J(\frac{x;y;z}{\rho;\varphi;\phi}) = \begin{vmatrix} \frac{\partial x}{\partial \rho} & \frac{\partial x}{\partial \varphi} & \frac{\partial x}{\partial \phi} \\ \frac{\partial y}{\partial \rho} & \frac{\partial y}{\partial \varphi} & \frac{\partial y}{\partial \phi} \\ \frac{\partial z}{\partial \rho} & \frac{\partial z}{\partial \varphi} & \frac{\partial z}{\partial \phi} \end{vmatrix} =$$

$$= \begin{vmatrix} sen\phi.\cos\varphi & \rho \cdot \cos\phi.\cos\phi & -\rho.sen\phi.sen\varphi \\ sen\phi.sen\varphi & \rho \cdot \cos\phi.sen\varphi & \rho.sen\phi.\cos\varphi \\ \cos\phi & -\rho.sen\phi & 0 \end{vmatrix} = \rho^2.sen\phi$$

La fórmula de transformación de coordenadas cartesianas a coordenadas esféricas es la siguiente:

$$\iiint_W f(x;y;z)dxdydz = \iiint_{W_{\rho\varphi\phi}} F(\rho;\varphi;\phi).\rho^2.sen\phi.d\rho d\varphi d\phi$$

Metodología para el cálculo de una integral triple en coordenadas esféricas.

- Dibujar la región de integración que se expresa en coordenadas cartesianas.

-Transformar a coordenadas esféricas las ecuaciones de las superficies que conforman la región de integración.

- Transformar el integrando a coordenadas esféricas.

- Con el uso de las curvas coordenadas elegir el orden de integración más apropiado para las integrales iteradas.

- Calcular la integral.

Ejemplo:

Calcular $I = \iiint\limits_{W} (x^2 + y^2 + z^2)dxdydz,$ siendo:

$$W = \left\{(x; y; z) \in \Re^3 : \ x^2 + y^2 + z^2 \leq 9; \ z \geq \sqrt{x^2 + y^2}; \ x \geq 0; \ y \geq 0\right\}$$

Solución

$x^2 + y^2 + z^2 = 9 \rightarrow$ Esfera de radio 3 con centro en el origen de coordenadas.

$z = \sqrt{x^2 + y^2} \rightarrow$ Semicono circular cuyo eje coincide con el eje Z, abre en el Sentido positivo de éste y tiene vértice en el origen.

$x = 0 \rightarrow$ Plano YZ

$y = 0 \rightarrow$ Plano XZ

Se puede apreciar que todas las superficies que limitan a la región W son superficies coordenadas esféricas, además la función integrando $f(x; y; z) = x^2 + y^2 + z^2$ es muy simple su expresión en coordenadas esféricas, ya que $f(x; y; z) = x^2 + y^2 + z^2$= F($(\rho; \varphi; \phi) = \rho^2$

Transformación de coordenadas

Cartesianas Esféricas

$x^2 + y^2 + z^2 = 9 \rightarrow$ $\rho = 3$

$z = \sqrt{x^2 + y^2} \rightarrow$ $\phi = \frac{\pi}{4}$

Pues $\phi = \arctan(\frac{\sqrt{x^2 + y^2}}{z})$ y como $z = \sqrt{x^2 + y^2}$ se tiene que $\phi = \arctan(1)$

$\phi = \frac{\pi}{4}$

$y = 0 \rightarrow$ $\varphi = 0$

$x = 0 \rightarrow$ $\varphi = \frac{\pi}{2}$

$f(x;y;z) = x^2 + y^2 + z^2 \rightarrow$ $F(\rho;\varphi;\phi) = \rho^2$

Luego $I = \iiint_W (x^2 + y^2 + z^2) dxdydz = \iiint_{W_{\rho\varphi\phi}} \rho^2 (\rho^2 sen\phi) d\rho\, d\phi\, d\varphi$

$$= \int_0^{\frac{\pi}{2}} d\varphi \int_0^{\frac{\pi}{4}} sen\phi\, d\phi \int_0^3 \rho^4 d\rho = 12{,}15(2 - \sqrt{2})\pi.$$

Cuando se calcula una integral triple en coordenadas esféricas no es posible proyectar sobre un plano para obtener dichos límites, pues ninguno de sus elementos de referencia es un plano, además ninguna combinación de dos de las variables ρ, φ y ϕ determina un plano sobre el cual pueda proyectarse la región de integración.

Ejercicios:

1) Plantear las integrales necesarias para calcular.

$\iiint_W 3yzdxdydz$

Siendo la región:

$$W = \{(x; y; z) \in \Re^3 : \quad x + y + z \le 6; \; 0 \le y \le 4; \; x + 2y \ge 4; \; x \ge 0; \; z \ge 0\}$$

2) Calcular las siguientes integrales triples:

(a) $\iiint\limits_W z dx dy dz$ siendo la región:

$$W = \left\{(x; y; z) \in \Re^3 : \; 1 \le x^2 + y^2 + z^2 \le 4; \; \sqrt{\frac{x^2 + y^2}{3}} \le z \le \sqrt{3(x^2 + y^2)}\right\}$$

(b) $\iiint\limits_W \frac{dx dy dz}{\sqrt{x^2 + y^2}}$ siendo la región:

$$W = \{(x; y; z) \in \Re^3 : \; 1 \le x^2 + y^2 \le 4 - z; \; x \ge 0; \quad y \ge 0; \quad z \ge 0\}$$

3) Calcular el volumen del sólido definido por la región:

(a) $W = \{(x; y; z) \in \Re^3 : \; 2 - x \le z \le 4 - x^2; \; 0 \le y \le 3; \; x \ge 0\}$

(b) $W = \{(x; y; z) \in \Re^3 : \; 1 \le x^2 + y^2 + z^2 \le 4; \; x^2 + (y-1)^2 \le 1\}$

(c) $W = \left\{(x; y; z) \in \Re^3 : \; x^2 + y^2 + z^2 \le 9; \; z \ge \frac{3}{2}\right\}$

4) Calcular la masa del sólido definido por la región:

(a) $W = \{(x; y; z) \in \Re^3 : \; z \ge 2x^2 + y^2; \; 0 \le z \le 4 - y^2; \; x \ge 0; \; y \ge 0\}$ siendo la densidad superficial de masa $d(x; y; z) = x.y$

(b) $W = \left\{(x; y; z) \in \Re^3 : \; x^2 + y^2 + z^2 \le 9; \; 0 \le x \le \frac{1}{\sqrt{3}} y; \; 0 \le z \le \sqrt{x^2 + y^2}\right\}$

siendo la densidad superficial de masa $d(x; y; z) = 4.$

5) Calcule el momento de inercia respecto al eje Z del sólido definido por la región:

$W=\left\{(x;y;z)\in\Re^3:\sqrt{x^2+y^2}\le z\le 4;\quad \frac{1}{\sqrt{3}}y\le x\le\sqrt{3}y\right\}$ siendo la densidad superficial de masa $d(x;y;z)=5.$

6) Determine la ordenada del centroide del sólido definido por la región.

$$W=\left\{(x;y;z)\in\Re^3:\quad y^2\le 2-x;\ 2x+z\ge 2;\quad y\ge 0;\quad 0\le z\le 1\right\}$$

IV.1 E.D.O de primer orden.

La manera más usual de escribir una ecuación diferencial de primer orden y de primer grado es $\frac{dy}{dx} = f(x,y)$; la que mediante transformaciones algebraicas se puede expresar en la forma:

M(x, y) + N(x, y) dy = 0

E.D.O de primer orden en variables separables:

Dada la ecuación: $\frac{dy}{dx} = f(x,y)$, la cual después de transformaciones algebraicas se puede escribir en la forma M(x, y) + N(x, y)dy = 0.

Si las funciones M(x, y) y N(x, y) pueden ser escritas como el producto de funciones que dependan solamente de una variable, o sea M(x, y) = $f_1(x).f_2(y)$ y

N(x, y) = $g_1(x).g_2(y)$ entonces se tiene que:

$f_1(x).f_2(y)dx + g_1(x).g_2(y) = 0$

Multiplicando esta ecuación por $\frac{1}{f_2(y)g_1(x)}$, siendo $f_2(y).g_1(x) \neq 0$ se obtiene que:

$\frac{f_1(x)}{g_1(x)}dx + \frac{g_2(y)}{f_2(y)}dy = 0$. Que es una ecuación diferencial equivalente a la dada pero con variables separadas.

Para determinar la solución de la ecuación diferencial se integra:

$$\int \frac{f_1(x)}{g_1(x)}dx + \int \frac{g_2(y)}{f_2(y)}dy = c$$

Ejemplo:

Resolver la ecuación diferencial: (2xy + 2y) dy = x dx

Solución:

$$2y(x+1)dy = xdx;$$

Es decir, $2ydy = \dfrac{x}{x+1}dx$, por lo tanto: $\int 2ydy = \int (1 - \dfrac{1}{x+1})dx$ y finalmente:

$$y^2 = x - \ln|x+1| + c\,.$$

E.D.O de primer orden exacto:

Ejemplo:

Resolver la ecuación diferencial: $3x^2 ydx + (x^3 - 2y)dy = 0$

Solución:

$$M(x;y) = 3x^2 y \quad \Rightarrow \quad \frac{\partial M}{\partial y} = 3x^2; \qquad N(x;y) = x^3 - 2y \quad \Rightarrow \quad \frac{\partial N}{\partial x} = 3x^2.$$

Obsérvese que $\dfrac{\partial M}{\partial y} = \dfrac{\partial N}{\partial x}$; por lo tanto la ecuación diferencial $3x^2 ydx + (x^3 - 2y)dy = 0$ es exacta.

Respuesta: $f(x, y) = x^3y - y^2 = c$

Si una ecuación diferencial es exacta, entonces existe una función f(x, y) cuyo diferencial total es df(x, y) = M(x, y)dx + N(x, y)dy = 0, luego la función tiene que ser constante, es decir f(x, y) = c.

E.D.O de primer orden reducible a exactas:

Ejemplo.

La ecuación $-ydx+xdy=0$ (I) no es exacta. Si se multiplica la ecuación (I) por el factor $u(x)=\dfrac{1}{x^2}$ se obtiene que $\dfrac{-ydx+xdy}{x^2}=0$, esta sí es una ecuación diferencial exacta ya que $M=-\dfrac{y}{x^2}$ y $N=\dfrac{1}{x}$ de donde se obtiene que $\dfrac{\partial M}{\partial y}=\dfrac{\partial N}{\partial x}=-\dfrac{1}{x}$.

Resolviendo la ecuación, mediante el método que se ha descrito anteriormente, se obtiene que la solución general de ambas ecuaciones (de la exacta y de la no exacta) es $y=cx$.

Al factor $\mu(x)$ que al multiplicar la ecuación por él se convierte en exacta se llama **FACTOR INTEGRANTE** de la ecuación.

Igualmente debe significarse que el factor integrante no es único, por ejemplo si se multiplica la ecuación diferencial (I) dada, por el factor integrante $\mu(y)=\dfrac{1}{y^2}$ la ecuación (I) también se transforma en exacta.

¿Cómo determinar el factor integrante?

Los factores integrantes que se van a estudiar dependen solamente de una sola variable, como el del ejemplo planteado.

Definición:

Si la ecuación: M(x, y)dx + N(x, y)dy = 0 no es exacta y

μ (x).M(x, y)dx + **μ** (x).N(x, y)dy = 0 es exacta, diremos que **μ (x)** es un factor integrante de la ecuación (en este caso dependiente solo de la variable x).

Veamos como determinar el factor integrante:

Como la ecuación μ (x).M(x, y)dx + **μ** (x).N(x, y)dy = 0 es exacta, se cumple que:

$$\frac{\partial[\mu(x)M(x,y)]}{\partial y}=\frac{\partial[\mu(x)N(x,y)]}{\partial x}$$

Determinando las derivadas planteadas, se tiene que:

$$M\frac{\partial\mu(x)}{\partial y}+\mu(x)\frac{\partial M}{\partial y}=N\frac{\partial\mu(x)}{\partial x}+\mu(x)\frac{\partial N}{\partial x}.$$

Teniendo en cuenta que como u solo depende de x, $\frac{\partial\mu(x)}{\partial y}=0$ $\frac{\partial\mu(x)}{\partial x}=\mu'(x)$, entonces

$\mu(x)\frac{\partial M}{\partial y}=N\,\mu'(x)+\mu(x)\frac{\partial N}{\partial x}$ de donde se obtiene:

$\frac{\mu'(x)}{\mu(x)}=\frac{\frac{\partial M}{\partial y}-\frac{\partial N}{\partial x}}{N}$ De aquí se deduce que para que el factor integrante dependa solamente de la variable x, tiene que ocurrir que $\frac{\frac{\partial M}{\partial y}-\frac{\partial N}{\partial x}}{N}$ dependa solo de x, es decir $\frac{\frac{\partial M}{\partial y}-\frac{\partial N}{\partial x}}{N}=f(x)$.

Al resolver la ecuación diferencial de variable separables resultante $\frac{\mu'(x)}{\mu(x)}=f(x)$, integrando ambos términos de la ecuación se obtiene la expresión:

$\ln(\mu(x))=\int f(x)dx$, es decir:

$$\mu(x)=\int f(x)dx=e^{\int\frac{\frac{\partial M}{\partial y}-\frac{\partial N}{\partial x}}{N}dx}$$

Si se supone que existe un factor integrante que depende de solo de y, de forma similar se obtiene que:

$$\mu(y) = \int f(y)dy = e^{\int \frac{\frac{\partial N}{\partial x} - \frac{\partial M}{\partial y}}{M} dy}$$

Ejemplo:

Resolver: $(x^2 + y^2)\,dx - 2xy\,dy = 0$

En este caso, la ecuación no es de variables separables, ni exacta. Posee un factor integrante que solo depende la variable x : $\mu(x) = \frac{1}{x^2}$, multiplicando la ecuación dada por el factor integrante, la ecuación se convierte en exacta y su solución general es: $f(x, y) = x - \frac{y^2}{x} = C$.

Ecuaciones diferenciales lineales de primer orden:

La ecuación lineal de primer orden tiene la forma:

$y' + p(x)y = q(x)$. Donde $p(x)$ y $q(x)$ son funciones continuas en la región donde se pida integrar la ecuación anterior.

La solución de esta ecuación viene expresada por la fórmula:

$$y = C.e^{-\int p(x)dx} + e^{-\int p(x)dx}.\int \left[q(x).e^{\int p(x)dx}\right]dx$$

Ejemplo:

Resolver la ecuación diferencial:

$$y' + 2xy = 2x.e^{-x^2};$$

Solución:

$P(x)=2x$ y $q(x)=2x.e^{-x^2}$.

$e^{\int p(x)dx}=e^{\int 2xdx}=e^{x^2}$; Por lo tanto, $e^{-\int p(x)dx}=e^{-x^2}$; y

$\int\left[q(x).e^{\int p(x)dx}\right]dx=\int 2x.e^{-x^2}.e^{x^2}dx=x^2$.

Así, $y=C.e^{-x^2}+e^{-x^2}.x^2=(x^2+C)e^{-x^2}$

Ejercicios:

Resolver las siguientes ecuaciones diferenciales:

a. $(x + y^2)\,dx - (2xy)\,dy = 0$ (factor integrante: $u(x)=\frac{1}{x^2}$). **Respuesta**: $\ln(x)-\frac{y^2}{x}=c$

b. $3y^2x^2dx+4(x^3y-3)dy=0$. (factor integrante: $u(y)=y^2$). **Respuesta**: $x^3y^4 - 4y^3 =$ C.

c. $x\frac{dy}{dx}-2y=xSen(3x)$. (ecuación lineal de primer orden). **Respuesta**: $x^2\cos(3x) + 3y = Cx^2$

1. $x\sqrt{1+y^2}dx-y\sqrt{1-x^2}dy=0,\quad \text{Respuesta}:\ \sqrt{1+x^2}-\sqrt{1+y^2}=0$

2. $r\frac{d\theta}{dr}=1+\theta^2,\quad \text{Respuesta}:\ \ln(r)-\text{ArcTan}(\theta)=C.$

3. $y(1+xy)dx-xdy=0, \text{con la condición } y(1)=1,\quad \text{Respuesta}:\frac{x}{y}+\frac{x^2}{2}=\frac{3}{2}.$

4. $(x\cos(y)-ysen(x))dx+(xsen(y)+y\cos(y))dx=0$,

   Respuesta: $e^x(xsen(y)+y\cos(y)-sen(y))=C$.

5. $\frac{dI}{dt}=\frac{t-tI}{t^2+1},\quad siendo\ I(0)=0$, Respuesta: $I=1-\frac{1}{\sqrt{t^2+1}}$

6. $(x + y^2)\,dx - (2xy)\,dy = 0$ (factor integrante: $u(x)=\frac{1}{x^2}$). Respuesta: $ln(x)-\frac{y^2}{x}=C$

7. $3y^2x^2dx + 4(x^3y - 3)dy = 0$. (factor integrante: $u(y) = y^2$). Respuesta: $x^3y^4 - 4y^3 =$ C.

8. $x\frac{dy}{dx} - 2y = xSen(3x)$. (ecuación lineal de primer orden).

   Respuesta: $x^2\cos(3x) + 3y = Cx^2$.

IV.2 Ecuación de Bernulli.

IV.3 Ecuación de Riccati.

IV.2 Ecuaciones diferenciales de orden superior.

Las ecuaciones diferenciales lineales de orden n, n > 1 tiene la forma:

$$a_n(x)y^{(n)} + a_{n-1}(x)y^{(n-1)} + a_{n-2}(x)y^{(n-2)} + \cdots + a_0(x)y = f(x) \qquad (1)$$

Si los coeficientes $a_i(x)$, $i = 0,1,2,...,n$ de la ecuación (1) son constantes, se obtiene en particular la ecuación:

$a_n y^{(n)} + a_{n-1}y^{(n-1)} + a_{n-2}y^{(n-2)} + \cdots + a_0 y = f(x)$ (2) que se denomina ecuación diferencial lineal de orden n con coeficientes constantes.

Consideremos el operador diferencial D, como el operador que actuando sobre una función f(x) lo transforma en su derivada, es decir $Df(x) = f'(x)$ y de manera similar $D^2f(x) = f''(x)$, $D^3f(x) = f'''(x)$ etc. Este operador es lineal, es decir:

$$D(af(x) + bg(x)) = aDf(x) + dDg(x) = af'(x) + bg'(x)$$

Escribamos la ecuación diferencial (2) en términos del operador diferencial D, de la forma:

$D^n y + b_{n-1}D^{n-1}y + \ldots + y = f(x)$ ó $\phi(D)y = f(x)$

$\phi(D)y = f(x)$. Es la ecuación no homogénea, si *f(x) ≠ 0* y $\phi(D)y = 0$ es la ecuación homogénea asociada, *f(x) = 0.*

A la solución general de la ecuación homogénea asociada a una ecuación no homogénea se la llama solución complementaria y_c, esta solución contiene tantas constantes arbitrarias y esenciales (que no pueden ser reducidas en su número), como orden tiene la ecuación diferencial.

Ejemplo:

La ecuación diferencial lineal de tercer orden no homogéneo: $y''' - 6y'' + 11y - 6y = e^{5x} + x + 1$ escrita en términos del operador diferencial es:

$$D^3 y - 6D^2 y + 11Dy - 6y = e^{5x} + 1$$

y la ecuación homogénea asociada es:

$y''\text{-}6y'' + 11y' - 6y = 0$ o también $(D^3 - 6D^2 + 11D - 6)y = 0$.

Teorema fundamental para la construcción de la solución general de la ecuación no homogénea.

Teorema:

La solución general (y_G) de la ecuación diferencial $\phi(D)y = f(x)$, puede ser obtenida determinando una solución particular $(\, y_P \,)$ de esta ecuación y sumándole la solución complementaria $(\, y_C \,)$, que es solución general de la ecuación homogénea asociada $\phi(D)y = 0$.

En síntesis, lo que se plantea en el teorema es: $y_{GNH} = y_{PNH} + y_{GH}$.

Ejemplo:

Resolver la siguiente ecuación diferencial lineal de segundo orden: $\dfrac{d^2y}{dx^2} + y = x$

Solución:

La ecuación $\frac{d^2y}{dx^2}+y=x$ escrita usando operadores queda de la siguiente forma: $(D^2y+1)y=x$, por lo que la ecuación complementaria o homogénea asociada es: $(D^2+1)y=0$.

Se puede verificar que la solución de esta ecuación es la función $y_c=c_1\operatorname{sen}(x)+c_2\cos(x)$, (compruébelo) que contiene dos constantes arbitrarias esenciales. Además, verifique que la función y_{PNH} = x es una solución particular de la ecuación no homogénea dada y que no contiene constante arbitraria por ser solución particular de la ecuación diferencial.

Por tanto, según el teorema fundamental, la solución general de la ecuación no homogénea es:

$$y_{GNH}=y_{GH}+y_{PNH}=\boxed{y=c_1 sen(x)+c_2\cos(x)+x}$$

Esta solución general construida contiene dos constantes arbitrarias y esenciales que se corresponde en número con el orden de la ecuación diferencial no homogénea.

Ejemplos del conjunto fundamental de soluciones en los casos en que la ecuación característica posee: Raíces reales diferentes, raíces reales múltiples, raíces complejas simples:

1) $y''+y'-2y=0$ Respuesta: $m_{12}=1 \quad m_2=-2$,

$\{e^x, e^{-2x}\}$ conjunto fundamental de soluciones.

$y_c=c_1e^x+c_2e^{-2x}$, solución general.

2) $(D^2-8D+16)y=0$ Respuesta: $m_1=m_2=4$,

$\{e^{4x}, xe^{4x}\}$ Conjunto fundamental de soluciones.

$y_c = c_1 e^{4x} + c_2 x e^{4x}$, solución general.

3) $y'' - 2y' + 5y = 0$ Respuesta: $m_{12} = 1 + 2i \quad m_2 = 1 - 2i$,

$\{e^{(1+2i)}, e^{(1-2i)}\}$ Conjunto fundamental de soluciones.

$y_c = e^x (c_1 sin(2x) + c_2 \cos(2x))$, solución general.

Resuelva:

1. $y''' - 13y'' - 12y = 0$ Respuesta: $y_c = c_1 e^{-x} + c_2 e^{4x} + c_3 e^{-3x}$
2. $(D^4 - 2D^3 + D^2)y = 0$ Respuesta: $y_c = c_1 + c_2 x + c_3 e^x + c_4 x e^x$

IV.3 Ecuaciones diferenciales de orden superior no homogénea.

Método para determinar la solución particular de una ecuación diferencial no homogénea:

Una solución particular y_{GPN} en términos de coeficientes indeterminados de acuerdo con la función pulsante de la ecuación diferencial no homogénea. Esto es en el caso de que ningún término de la solución particular propuesta sea solución de la ecuación homogénea asociada o pertenezca al conjunto fundamental de soluciones de la ecuación homogénea.

Por otra parte, si algún término de la solución particular propuesta está incluido en el conjunto fundamental de soluciones, hay que multiplicar dicho término por la potencia x^s siendo s la multiplicidad de la raíz de la ecuación característica que introdujo ese término en el conjunto fundamental de soluciones.

Posteriormente se sustituye la solución particular propuesta en la ecuación diferencial no homogénea y aplicando el método de los coeficientes indeterminados se calculan los coeficientes de la solución particular.

Para determinar la solución general de la ecuación no homogénea se aplica el teorema fundamental de la solución general, es decir $y_{GNH} = y_{GH} + y_{PDH}$.

Ejercicio:

Resolver: $(D^2+4D+5)y = 5x^2+8x-3$

Solución:

Las raíces de la ecuación característica: $m_{1,2} = 2 \pm i$, por lo que la solución complementaria es: $y_{GH} = e^{-2x}(c_1 sen(x) + c_2 cos(x))$.

Como la función pulsante es un polinomio de grado dos, se debe suponer como solución particular a: $y_{PNH} = Ax^2 + Bx + C$. Es decir, un polinomio del mismo grado que *f(x)*, pero escrito con los coeficientes indeterminados.

En la solución propuesta no hay términos que pertenezcan al conjunto fundamental de soluciones, luego la solución propuesta es adecuada.

Si m = 0 fuera raíz de la ecuación característica, habría que multiplicar la solución propuesta por x^s, siendo s la multiplicidad de esa raíz.

Sustituyendo la solución propuesta en la ecuación diferencial, se tiene que:

$$2A + 4(2Ax + B) + 5(Ax^2 + Bx + C) = 5x^2 + 8x - 3$$

Entonces:

$5Ax^2 + (8A+5B)x + 2A + 4B + 5C = 5x^2 + 8x - 3$, igualando los coeficientes de ambos lados de la ecuación, se tiene:

$$5A = 5$$
$$8A + 5B = 8$$
$$2A + 4B + 5C = -3$$

La solución del sistema de ecuaciones anterior es: A = 1, B = 0 y C = -1, por lo que la solución particular es: $y_{PNH} = x^2 - 1$

Luego la solución general de la ecuación no homogénea es:

$Y_{GNH} = y_{GH} + y_{PNH}$

$$\boxed{y = e^{-2x}(c_1 sen(x) + c_2 cos(x)) + x^2 - 1}$$

Ejercicio:

Resolver: $y'' - 5y' + 6y = 2e^{2x} + x$.

Solución:

Las raíces de la ecuación característica son: *$m_1 = 2$ y $m_2 = 3$.*

La solución general de la ecuación homogénea es: $y = C_1 e^{2x} + C_2 e^{3x}$.

De acuerdo con la función pulsante, $f(x) = 2e^{2x} + x$, se debe asumir como solución particular la función: $y_p = Ae^{2x} + Bx + C$, pero como la función e^{2x} pertenece al conjunto fundamental de soluciones $\{e^{2x}, e^{3x}\}$, debido a la existencia de la raíz simple $m_1 = 2$, se debe multiplicar el termino analizado por **x**, para obtener una propuesta adecuada de la solución particular, es decir.

$$y_{PNH} = Axe^{2x} + Bx + C$$

(de lo contrario no se podrá determinar el coeficiente A, pues la función e^{2x} es solución de la ecuación homogénea)

Al determinar los coeficientes, se obtiene: $y_{PNH} = -2xe^{2x} + \frac{1}{6}x + \frac{5}{36}$.

La solución general de la ecuación no homogénea es la suma de las soluciones dadas según el teorema fundamental:

$$\boxed{y_{GNH} = C_1 e^{2x} + C_2 e^{3x} - 2xe + \frac{1}{6}B + \frac{5}{36}}$$

Continúe realizando ejemplos como los que se muestran el libro de texto, que contengan funciones pulsante seno o coseno y combinaciones lineales de las estudiadas.

Al finalizar estos ejercicios se recomienda generalizar los aspectos vistos de la siguiente forma:

Dada una ecuación diferencial lineal no homogénea $\phi(D)=f(x)$

donde $f(x)=e^{\alpha x}(P_n(x)Sen(\beta x)+Q_m(x)Cos(\beta x))$

$P_m(x)$, $Q_n(x)$, son polinomios de grados n y m respectivamente.

Si el número $m=\alpha+\beta i$ es raíz de la ecuación característica $\phi(m)=0$, entonces debe asumirse como solución particular de la ecuación no homogénea la función:

$y_p=e^{\alpha x}x^s(\overline{P_k(x)}Sen(\beta x)+\overline{Q_k(x)}Cos(\beta x))$.

donde:

$k=Max(n,m)$

s es el valor de la multiplicidad de la raíz $m=\alpha+\beta i$ y

$\overline{P_k(x)}$, $\overline{Q_k(x)}$, son polinomios de grado k, con coeficientes indeterminados.

Se sugiere que a continuación realice el siguiente ejemplo:

La ecuación: $(D^2-9)y=x\operatorname{sen}(2x)$ tiene como ecuación característica a: $m^2-9=0$ y sus raíces son: m_1 = 3 con multiplicidad s = 1 y m_2 = -3 con multiplicidad s =1.

Para este caso, se tiene que $\alpha+\beta i=0+2i=2i$, no es raíz de la ecuación característica, entonces s = 0.

Luego se tiene que k = máx (1, 0) = 1, $\overline{P_k(x)}=Ax+B$ y $\overline{Q_k(x)}=Cx+D$, entonces debe asumirse como solución particular: $y_p=(Ax+B)Sen(2x)+(Cx+D)Cos(2x)$.

Resolver las siguientes ecuaciones diferenciales.

a) $y'''+y''-2y'=0$

b) $y'' + 4y = 8x^2$

c) $y''' + y'' = x^2 + 1 + 3xe^x$

d) $y^{IV} - 2y''' + 4y'' - 4y' = 0$

Ejemplos de aplicación:

- Describir el movimiento de una masa conectada a un resorte y a un amortiguador y bajo el efecto de una fuerza externa.

Puede representar este problema con el esquema que se muestra a continuación:

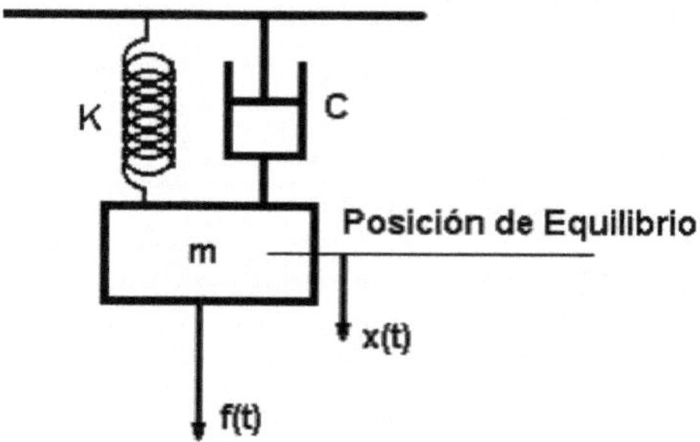

En el esquema.

- m: masa del sistema.
- c: constante de amortiguamiento.
- K: rigidez del resorte o del sistema.
- f(t): fuerza exterior actuando sobre el sistema.
- x(t): desplazamiento de la masa respecto a la posición de equilibrio
- Posición de equilibrio: referencia desde la cual se miden los desplazamiento de la masa

Al aplicar la segunda ley de Newton (recordando que la fuerza elástica es kx(t) y que el amortiguador se opone al movimiento con una fuerza proporcional a la velocidad cx´(t) se tiene que: $mx''(t) + cx'(t) + kx(t) = f(t)$.

La ecuación que describe el movimiento de la masa del sistema es una ecuación diferencial lineal de segundo orden con coeficientes constantes, que ya el estudiante puede resolver.

Si la masa es desviada de la posición de equilibrio una magnitud x_0 y es liberada con una velocidad inicial, v_0, entonces el problema se reduce a:

Resolver la ecuación diferencial: $mx''(t) + cx'(t) + kx(t) = f(t)$

con condiciones iniciales: $x(0) = x_0 \quad x'(0) = v_0$

- Un circuito eléctrico contiene en serie una resistencia de r = 10 Ohms, una inductancia L = 2 Henrio y una fuente de voltaje v(t) = 4Cos(t). Determine la carga y la corriente que circula si en el instante inicial la carga y la corriente son nulas.

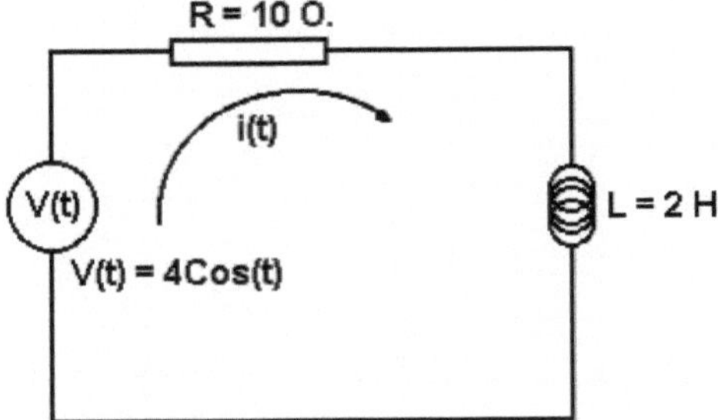

Al aplicar la segunda ley de Krichoff se tiene:

$$R\frac{dq(t)}{dt} + L\frac{d^2q(t)}{dt^2} = V(t)$$

Sustituyendo valores.

$$10\frac{dq(t)}{dt} + 2\frac{d^2q(t)}{dt^2} = 4\cos(t)$$

$\dfrac{d^2q(t)}{dt^2} + 5\dfrac{dq(t)}{dt} = 2\cos(t)$, con las condiciones: q(0) = 0 I(0) = 0

Ecuación característica.

$$m^2 + 5m = 0$$

Raíces de la ecuación característica.

$$m_1 = 0, \qquad m_2 = -5$$

Solución de la ecuación homogénea.

$$y_c = c_1 + c_2 e^{-5x}.$$

Asumiendo una solución particular para la ecuación no homogénea:

$$y_p = A\cos(t) + B\,\text{sen}(t)$$

los coeficientes A y B se determinan resolviendo el sistema de ecuaciones lineales siguiente:

$$5B - A = 0$$
$$B + 5A = 0$$

La solución del sistema de ecuaciones lineales anterior, es $A = -\frac{1}{13}$ y $B = \frac{5}{15}$

Entonces la solución general de la ecuación es:

$$q(t) = c_1 + c_2 e^{-5t} - \frac{1}{13}\cos(t) + \frac{5}{13}\text{sen}(t)$$

Ajustando las condiciones iniciales, se obtiene finalmente que:

$$q(t) = \frac{1}{13}(1 + e^{-5t} - \cos(t) + 5sen(t))$$

Realice un análisis del comportamiento de la carga para diferentes valores del tiempo.

IV.3 Sistemas de ecuaciones diferenciales lineales.

Ejemplo.

$$\frac{dx}{dt}+2x+\frac{dy}{dt}-y=-\text{sen}(t)$$
$$\frac{dx}{dt}-3x+\frac{dy}{dt}+2y=4\cos(t)$$

Solución:

El sistema escrito en términos del operador diferencial D.

$$(D+2)x+(D-1)y=-\text{sen}(t)$$
$$(D-3)x+(D+2)y=4\cos(t)$$

Resultando las ecuaciones diferenciales.

$$(8D+1)x=3\cos(t)+2\text{sen}(t)$$
$$(8D+1)y=9\cos(t)-7\text{sen}(t)$$

Resolviendo estas ecuaciones diferenciales no homogéneas de primer orden, se tiene.

$$x_g=c_1e^{-\frac{1}{8}t}-\frac{1}{5}\cos(t)+\frac{2}{5}\text{sen}(t)$$
$$y_g=c_2e^{-\frac{1}{8}t}+\text{sen}(t)+\cos(t)$$

Como el sistema solo tiene una constante arbitraria esencial, se sustituyen las soluciones encontradas en el sistema y se determina la relación que existen entre ellas, se obtiene que.

$$c_2=\frac{5}{3}c_1$$

Entonces la solución general del sistema dado es.

$$x_g=c_1e^{-\frac{1}{8}t}-\frac{1}{5}\cos(t)+\frac{2}{5}\text{sen}(t)$$
$$y_g=\frac{5}{3}c_1e^{-\frac{1}{8}t}+\text{sen}(t)+\cos(t)$$

IV.4 Ecuaciones diferenciales en derivadas parciales (EDDP).

Las principales ecuaciones diferenciales en derivadas parciales que expresan modelos de procesos y fenómenos de la física, son las EDP de segundo orden.

$$\left(A(t,x)\frac{\partial^2}{\partial t^2} + 2B(t,x)\frac{\partial^2}{\partial t\,\partial x} + C(t,x)\frac{\partial^2}{\partial x^2} + a(t,x)\frac{\partial}{\partial t} + b(t,x)\frac{\partial}{\partial x} + c(t,x \right)[u(t,x)] = f($$

Clasificación de las EDP de segundo orden.

Ecuaciones de tipo Hiperbólico:

Ejemplo:

EDP, unidimensional respeto a la variable espacial.

$\frac{\partial^2 u(t,x)}{\partial t^2} = a^2\frac{\partial^2 u(t,x)}{\partial x^2}$, $a^2 = T/\rho$, *T-tención de la cuerda, ρ-densidad lineal.*

Modelo de problemas con condiciones de contorno y condiciones iniciales. Expresa fenómenos de propagación de Ondas (cuerda, acústica, electromagnéticas y otros problemas oscilatorios). Es un problema mixto.

Ecuaciones de tipo Parabólico:

Ejemplo:

EDP, unidimensional respeto a la variable espacial.

$\frac{\partial u(t,x)}{\partial t} = a^2\frac{\partial^2 u(t,x)}{\partial x^2}$, $a^2 = k/c\rho$, *ρ-densidad del medio, k-coeficiente de conductividad, c- calor específico.*

Modelo de problemas con condiciones de contorno y condiciones iniciales. Expresa fenómenos de conducción térmica y difusión. Es un problema mixto.

Ecuaciones de tipo Elíptico:

Ejemplo:

EDP bidimensional, respecto a las variables espaciales. Ecuación de Laplace. No contiene condiciones iniciales.

$$\frac{\partial^2 u(t,x)}{\partial x^2}+\frac{\partial^2 u(t,x)}{\partial y^2}=0$$

Modelo de problemas con sólo condiciones de contorno. Expresa fenómenos de ciclo fijo, no dependen de variable temporal.

El lector debe comprender que las ecuaciones se generalizan al caso tridimensional de la variable espacial, ellas definen las condiciones de frontera, problema de contorno.

Ecuación que describe el movimiento ondulatorio en el espacio:

$$C^2\nabla^2 U=\frac{\partial^2 U}{\partial t^2}$$

Donde $\nabla^2 U=\frac{\partial^2 U}{\partial x^2}+\frac{\partial^2 U}{\partial y^2}+\frac{\partial^2 U}{\partial z^2}$.

Ecuación de conducción del calor en el espacio.

$$a^2\nabla^2 U=\frac{\partial U}{\partial t}.$$

Donde U(x, t) es la temperatura y a es la constante de difusión térmica.

Ecuación de Laplace: $\nabla^2 U=0$.

Resolver:

I.

$$\frac{\partial U}{\partial t}=4\frac{\partial^2 U}{\partial x^2}$$

$$U(0,t)=\dot{U}(4,t)=0$$

$$U(x,0)=5\,\text{sen}(2\pi x)$$

II.Dada una cuerda vibrante, de extremos fijos con una longitud L = π, que estando en la posición de equilibrio, $U(x,0)=0$ se le ha dado a todos sus puntos una velocidad inicial $\frac{\partial U}{\partial t}(x,0) = 2\,\mathrm{sen}(x) - 3\,\mathrm{sen}(x)$.

III. Determine el valor de U (0.25, 0.5) si,

$\frac{\partial^2 U}{\partial x^2} = \frac{\partial U}{\partial t}$, con las condiciones $U(0,t) = U(2,t) = 0$ y $U(x,0) = \begin{cases} 1 & 0 < x < 1 \\ 0 & 1 < x < 2 \end{cases}$

IV.

$$\frac{\partial U}{\partial t} = \frac{\partial^2 U}{\partial x^2} + U \quad \text{Siendo} \quad \begin{matrix} U(0,t) = U(10,t) = 0 \\ U(x,0) = 5\,\mathrm{sen}(2\pi t) \end{matrix}$$

ANEXO:

Métodos analíticos para determinar el conjunto solución de un SELNH.

Consideremos, A∈ **M_{1x1}($\Re$),** X∈ **M_{1x1}(X),** B∈ **M_{1x1}($\Re$),** tenemos la ecuación **ax = b, a ≠ 0,** una ecuación lineal de coeficientes reales en la incógnita x.

Su solución se obtiene al multiplicar ambos miembros de la igualdad por **a^{-1}**, opuesto multiplicativo de **a, a^{-1} a x = a^{-1} b,** donde **a a^{-1} = 1,** entonces, **x = a^{-1} b,** solución de la ecuación.

Sustituyendo **x** en la ecuación, **a a^{-1} b = b**, obtenemos la identidad **b = b.**

Consideremos la ecuación (I), generalización de la ecuación anterior en una variable. Entonces, por analogía, resolver A X = B, implica determinar A^{-1}, inverso multiplicativo de A, tal que, satisfaga,A^{-1} A= I, donde I es la matriz identidad.

Entonces X = A^{-1}B, siendo la matriz X la solución de (I). Sustituyendo X en (I), tenemos,

A A^{-1}B = B, obtenemos la igualdad B = B. Todo lo anterior expresa que al sustituir los valores de X en cada ecuación de (II), cada ecuación se transforma en una identidad.

Aceptar lo anterior, obliga responder las interrogantes:

1. **¿Para toda A∈ M_{mxn}(R), existe A^{-1}, tal que, A^{-1} A = A A^{-1}= I,?**
2. **¿Cómo construir A^{-1}?**

Respuesta a la primera interrogante:

La condición **A^{-1}A = A A^{-1}**, propone que el producto de A con su inverso multiplicativo A^{-1}, es conmutativa.

Consideremos **A** ∈ **M_{mxn}($\Re$),** por la regla de multiplicación de matrices, para que exista

A^{-1}A, A^{-1}∈ **M_{pxm}($\Re$), entonces, A^{-1}A** ∈ **M_{pxn}($\Re$), para todo p.** Para que existe **A A^{-1}, A^{-1}**∈ **M_{nxs}($\Re$),** para todo **s,** tenemos, **A A^{-1}**∈ **M_{mxs}($\Re$).**

Para que se satisfaga, $\mathbf{A^{-1}A = A\,A^{-1}}$, tiene que cumplirse, p = m y s = n. Puesto que,

$\mathbf{A^{-1}A = A\,A^{-1} = I}$, **I** matriz cuadrada, entonces, n = m, por tanto, $\mathbf{A} \in \mathbf{M_{nxn}}(\Re)$,

Lo anterior nos permite arribar a la conclusión.

Teorema: La condición necesaria para que exista $\mathbf{A^{-1}}$, inversa de A, es, que $\mathbf{A} \in \mathbf{M_{nxn}}(\Re)$.

A matriz cuadrada.

- *Método de la Matriz Inversa.*

Sea el S.E.L **AX = B,** un sistema con n ecuaciones y n incógnitas. A matriz cuadrada, de orden n.

Determinar el conjunto solución del S.E.L, impone calcular la matriz inversa de A,

Para facilitar la comprensión del procedimiento a desarrollar, consideremos $A \in \mathbf{M_{2x2}}(\Re)$, no singular, det (A)= $a_{11}a_{22} - a_{21}a_{21} \neq 0$.

Sea $A^{-1} = \begin{bmatrix} x & y \\ z & w \end{bmatrix}$, x, y, z, w valores desconocidos. Escribamos la ecuación matricial:

$$\begin{bmatrix} a_{11} & a_{12} \\ a_{21} & a_{22} \end{bmatrix} \begin{bmatrix} x & y \\ z & w \end{bmatrix} = \begin{bmatrix} 1 & 0 \\ 0 & 1 \end{bmatrix} = \begin{bmatrix} x & y \\ z & w \end{bmatrix} \begin{bmatrix} a_{11} & a_{12} \\ a_{21} & a_{22} \end{bmatrix} \qquad \textbf{(III)}$$

Aplicando las propiedades, producto de matrices e igualdad de matrices, obtenemos el SEL No Homogéneo,

$$\begin{cases} a_{11}x + a_{12}z = 1 \\ a_{21}x + a_{22}z = 0 \\ a_{11}y + a_{12}w = 0 \\ a_{21}y + a_{22}w = 1 \end{cases}$$

Expresémoslo en forma matricial,

$$\begin{pmatrix} a_{11} & a_{12} & 0 & 0 \\ a_{21} & a_{22} & 0 & 0 \\ 0 & 0 & a_{11} & a_{12} \\ 0 & 0 & a_{21} & a_{22} \end{pmatrix}\begin{pmatrix} x \\ z \\ y \\ w \end{pmatrix} = \begin{pmatrix} 1 \\ 0 \\ 0 \\ 1 \end{pmatrix};$$

Observemos que la matriz del sistema es una matriz simétrica por bloques o células, donde cada bloque es una matriz de orden 4.

Lo anterior nos permite escribir los S.E.L No Homogéneos α y β:

$$\alpha \begin{cases} a_{11}x + a_{12}z = 1 \\ a_{21}x + a_{22}z = 0 \end{cases}$$

$$\beta \begin{cases} a_{11}y + a_{12}w = 0 \\ a_{21}y + a_{22}w = 1 \end{cases}$$

Solución de **α.**

Despejando x en la segunda ecuación y sustituyendo en la primera ecuación, tenemos:

$x = -\frac{a_{22}}{a_{21}}z;\ a_{11}\left(-\frac{a_{22}}{a_{21}}\right)z + a_{12}z = 1;$ despejamos z,

$z = -\frac{a_{21}}{a_{11}a_{22}-a_{12}a_{21}}$, sustituyendo z en x tenemos, $x = \frac{a_{22}}{a_{11}a_{22}-a_{12}a_{21}}$.

Operando de forma análoga en el sistema **β**, Obtenemos:

$y = -\frac{a_{12}}{a_{11}a_{22}-a_{12}a_{21}}$; $w = \frac{a_{11}}{a_{11}a_{22}-a_{12}a_{21}}$. Sustituyendo los valores de x, y, z, w, en la ecuación matricial **(III),** obtenemos,

$$\begin{bmatrix} a_{11} & a_{12} \\ a_{21} & a_{22} \end{bmatrix}\begin{bmatrix} \frac{a_{22}}{a_{11}a_{22}-a_{12}a_{21}} & -\frac{a_{12}}{a_{11}a_{22}-a_{12}a_{21}} \\ -\frac{a_{21}}{a_{11}a_{22}-a_{12}a_{21}} & \frac{a_{11}}{a_{11}a_{22}-a_{12}a_{21}} \end{bmatrix} = \begin{bmatrix} 1 & 0 \\ 0 & 1 \end{bmatrix};$$ siéndo valida la propiedad conmutativa del producto de matrices.

$$\begin{bmatrix} \frac{a_{22}}{a_{11}a_{22}-a_{12}a_{21}} & -\frac{a_{12}}{a_{11}a_{22}-a_{12}a_{21}} \\ -\frac{a_{21}}{a_{11}a_{22}-a_{12}a_{21}} & \frac{a_{11}}{a_{11}a_{22}-a_{12}a_{21}} \end{bmatrix}\begin{bmatrix} a_{11} & a_{12} \\ a_{21} & a_{22} \end{bmatrix} = \begin{bmatrix} 1 & 0 \\ 0 & 1 \end{bmatrix},$$

Hemos probado que, $\mathbf{A^{-1}A = A\,A^{-1} = I}$, entonces,

$$\mathbf{A^{-1}} = \begin{bmatrix} \frac{a_{22}}{a_{11}a_{22}-a_{12}a_{21}} & -\frac{a_{12}}{a_{11}a_{22}-a_{12}a_{21}} \\ -\frac{a_{21}}{a_{11}a_{22}-a_{12}a_{21}} & \frac{a_{11}}{a_{11}a_{22}-a_{12}a_{21}} \end{bmatrix}$$

El denominador de cada elemento de $\mathbf{A^{-1}}$, es el **det (A)**. Del producto de un escalar por una matriz, obtenemos,

$$\mathbf{A^{-1}} = \frac{1}{\det(A)}\begin{bmatrix} a_{22} & -a_{12} \\ -a_{21} & a_{11} \end{bmatrix}$$

La matriz $\begin{bmatrix} a_{22} & -a_{12} \\ -a_{21} & a_{11} \end{bmatrix}$ es la tranpuesta de la matriz de los cofactores de A. Llamaremos **matriz adjunta** de A.

Obtenemos, $\mathbf{A^{-1}} = \dfrac{\text{Aadj}}{\det(A)}$, que satisfice, $\mathbf{A^{-1}A = A\,A^{-1} = I}$.

El resultado es generalizable a toda matriz cuadrada no singular.

Sea $A \in \mathbf{M_{nxn}(R)}$. Llamaremos inversa de A, a la matriz $\mathbf{A^{-1} = A_{adj} / \det(A)}$**, para det (A)** $\neq$ **0.**

Todo lo anterior nos permite aseverar:

Para toda matriz A, invertible se cumple:

1. **A es cuadrada.**
2. **det (A)** $\neq$ **0.**
3. $\mathbf{A^{-1} = A_{adj} / \det(A)}$**.**
4. $\mathbf{A^{-1}\,A = A\,A^{-1} = I}$.
5. $\mathbf{A^{-1}}$ **es única para toda A.**

El det (A) es único, así como la matriz adjunta de A.

6. **La ecuación matricial AX = B, tiene solución única, X =** $\mathbf{A^{-1}\,B}$**.**

Multiplicando a la izquierda, de ambos miembros de la ecuación por $\mathbf{A^{-1}}$ obtenemos,

$\mathbf{A^{-1}AX = A^{-1}B}$

Como $\mathbf{A^{-1}\,A = I}$, obtenemos:

$\mathbf{I\,X = A^{-1}B}$

$\mathbf{X = A^{-1}B}$, solución de la ecuación matricial.

Sustituyendo **X** en la ecuación matricial tenemos, **A A^{-1}B = B**, por la conmutatividad de,

A^{-1} A= A A^{-1}= I, obtenemos la identidad, **B = B.**

La ecuación matricial tiene solución unica, existe la matriz **X**, tal que, al multiplicar la matriz **A** por la matriz **X**, la transforma en la matriz **B**.

Ejemplo 1: Determinar la inversa de $A = \begin{pmatrix} 1 & -2 \\ -1 & 3 \end{pmatrix}$.

1^0. A$\in$ **M_{2x2}(R),** es cuadrada.

2^0. $\det(A) = \begin{vmatrix} 1 & -2 \\ -1 & 3 \end{vmatrix} = 1,$

3^0. Calcular **A_{adj}.**

A_{adj} $= \begin{pmatrix} 3 & 2 \\ 1 & 1 \end{pmatrix}$, entonces, A^{-1} **= A_{adj} / det (A)=** $\dfrac{\begin{pmatrix} 3 & 2 \\ 1 & 1 \end{pmatrix}}{\mathbf{1}} = \begin{pmatrix} 3 & 2 \\ 1 & 1 \end{pmatrix}$

4^0 A^{-1} A= = A A^{-1}= I

$$\begin{pmatrix} 3 & 2 \\ 1 & 1 \end{pmatrix}\begin{pmatrix} 1 & -2 \\ -1 & 3 \end{pmatrix} = \begin{pmatrix} 1 & -2 \\ -1 & 3 \end{pmatrix}\begin{pmatrix} 3 & 2 \\ 1 & 1 \end{pmatrix} = \begin{pmatrix} 1 & 0 \\ 0 & 1 \end{pmatrix}.$$

Ejemplo 2: Sean $A = \begin{pmatrix} 1 & -2 \\ -1 & 3 \end{pmatrix}$; $B = \binom{1}{0}$, entonces el SEL No Homogéneo en forma matricial

$\begin{pmatrix} 1 & -2 \\ -1 & 3 \end{pmatrix} \binom{x}{y} = \binom{1}{0}$, donde, $|A| = 1$, $A_{adj} = \begin{pmatrix} 3 & 2 \\ 1 & 1 \end{pmatrix}$, entonces,

$A^{-1} = \begin{pmatrix} 3 & 2 \\ 1 & 1 \end{pmatrix} \frac{1}{|A|} = \begin{pmatrix} 3 & 2 \\ 1 & 1 \end{pmatrix}$.

Obtenemos la solución,

$\binom{x}{y} = \begin{pmatrix} 3 & 2 \\ 1 & 1 \end{pmatrix} \binom{1}{0} = \binom{3}{1}$, comprobando,

$\begin{pmatrix} 1 & -2 \\ -1 & 3 \end{pmatrix} \binom{3}{1} = \binom{1}{0}$;

$\binom{1}{0} = \binom{1}{0}$, al multiplicar A por la X encontrada, esta se transforma en B.

El resultado anterior, en el lenguaje de conjunto se expresa,

$S = \left\{ (x, y) \in \Re^2 : x = 3, \ y = 1 \right\}$.

Observemos, las ecuaciones del sistema representan las rectas r_1, r_2:

$$\begin{cases} r_1 : x - 2y = 1 \\ r_2 : -x + 3y = 0 \end{cases};$$

Las rectas r_1, r_2, se intersectan en el punto (x , y) = (3 , 1) del plano XOY.

Proponemos al lector realice la representación sobre el plano, del SEL y el conjunto solución.

Ejemplo 3: Sean $A = \begin{pmatrix} 1 & -2 \\ -1 & 3 \end{pmatrix}$; $B = \binom{0}{0}$, entonces el SEL Homogéneo en forma matricial

$$\begin{pmatrix} 1 & -2 \\ -1 & 3 \end{pmatrix}\binom{x}{y} = \binom{0}{0}$$, donde, $|A| = 1$, $A_{adj} = \begin{pmatrix} 3 & 2 \\ 1 & 1 \end{pmatrix}$, entonces,

$$A^{-1} = \begin{pmatrix} 3 & 2 \\ 1 & 1 \end{pmatrix}\frac{1}{|A|} = \begin{pmatrix} 3 & 2 \\ 1 & 1 \end{pmatrix}.$$

Obtenemos la solución,

$$\binom{x}{y} = \begin{pmatrix} 3 & 2 \\ 1 & 1 \end{pmatrix}\binom{0}{0} = \binom{0}{0},$$ comprobando,

$$\begin{pmatrix} 1 & -2 \\ -1 & 3 \end{pmatrix}\binom{0}{0} = \binom{0}{0};$$

$\binom{0}{0} = \binom{0}{0}$, al multiplicar A por la X encontrada, esta se transforma en B.

El resultado anterior, en el lenguaje de conjunto se expresa,

$S = \{(x, y) \in R^2 : x = 0, y = 0\}$.

Observemos, las ecuaciones del sistema representan las rectas r_1, r_2:

$$\begin{cases} r_1 : x - 2y = 0 \\ r_2 : -x + 3y = 0 \end{cases};$$

Las rectas r_1, r_2, se intersectan en el origen de coordenadas, (x , y) = (0 , 0) del plano XOY.

Proponemos al lector realice la representación sobre el plano, del SEL y el conjunto solución

Ejercicio propuesto

1-Dadas las matrices:

$$A=\begin{pmatrix} 1 & 1 & 2 \\ -1 & 3 & 4 \\ 2 & 0 & 1 \end{pmatrix};\quad J=\begin{bmatrix} 4 & 0 & 0 \\ 2 & 2 & 0 \\ 1 & -3 & 1 \end{bmatrix};\quad E=\begin{bmatrix} 3 & -1 & 7 & 0 \\ 0 & 2 & 0 & 1 \\ 0 & 0 & -1 & 0 \\ 0 & 0 & 0 & 5 \end{bmatrix};\quad B=\begin{bmatrix} 0 & -2 & -1 \\ 2 & 0 & 3 \\ 1 & -3 & 0 \end{bmatrix}$$

a)Determinar la matriz inversa y verificar la condición de conmutatividad en cada caso.

b)Resolver y comprobar:

$$A\,X=\begin{pmatrix} -2 \\ 0 \\ 1 \end{pmatrix};\quad J\,X=\begin{pmatrix} 0 \\ 0 \\ 0 \end{pmatrix};\quad E\,X=\begin{pmatrix} 1 \\ -3 \\ 0 \\ -1 \end{pmatrix}$$

Método de Eliminación de GAUSS.

El método de la Matriz Inversa presenta limitantes en su aplicación:

- **No permite un estudio completo de los sistemas con matriz A cuadrada singular.**
- **No permite el estudio de los sistemas con matriz A rectángular.**

Presentamos un método clásico, que resulve las limitaciones del método de la matriz inversa.

Sean A $\in$ **M_{mxn}($\Re$),** X $\in$ **M_{nx1}(X),** B $\in$ **M_{mx1}($\Re$).**

La ecuación matricial, A X = B, equivalente al SEL,

$$\begin{cases} a_{11}x_1 & + & a_{12}x_2 & + & a_{13}x_3 & + & \dots & + & a_{1n}x_n & = & b_1 \\ a_{21}x_1 & + & a_{22}x_2 & + & a_{23}x_3 & + & \dots & + & a_{2n}x_n & = & b_2 \\ \dots\dots & .. & \dots\dots\dots & \dots & \dots\dots & .. & \dots. & .. & \dots\dots & .. & \dots \\ a_{m1}x_1 & + & a_{m2}x_2 & + & a_{m3}x_3 & + & \dots & + & a_{mn}x_n & = & b_m \end{cases}$$

Consideremos la matriz de todos los coeficientes del SEL.

Llamaremos **matriz ampliada** del SEL, se denota (A, B),

$$(A, B) = \begin{pmatrix} a_{11} & a_{12} & \dots & a_{1n} & | \; b_1 \\ a_{21} & a_{22} & \dots & a_{2n} & | \; b_2 \\ \dots & \dots & \dots & \dots & \dots \\ a_{m1} & a_{m2} & \dots & a_{mn} & | \; b_m \end{pmatrix}$$

la matriz A junto a la matriz B.

El algoritmo que se presenta para la solución del SEL, consta de tres etapas:

I) Reducir (A, B) por medio de k iteraciones, de operaciones elementales por fila a la matriz equivalente escalón.

$$(A', B') = \begin{pmatrix} a_{11} & a_{12} & \dots & a_{1n} & | \; b_1 \\ 0 & a_{22}^1 & \dots & a_{2n}^1 & | \; b_2^1 \\ \dots & \dots & \dots & \dots & \dots \\ 0 & 0 & \dots & a_{mn}^k & | \; b_m^k \\ \end{pmatrix}$$

II) Restituir el SEL, con matriz escalón equivalente.

$$\begin{cases} a_{11}x_1 & + & a_{12}x_2 & + & a_{13}x_3 & + & \dots & + & a_{1n}x_n & = & b_1 \\ & & a_{22}^1 x_2 & + & a_{23}^1 x_3 & + & \dots & + & a_{2n}^1 x_n & = & b_2^1 \\ \dots\dots & .. & \dots\dots\dots & \dots & \dots\dots & .. & \dots. & .. & \dots\dots & .. & \dots \\ & & & & & & & & a_{22}^k x_n & = & a_m^k \end{cases}$$

III) De forma ascendente por las ecuaciones del nuevo SEL, determinar los valores de las incógnitas.

IV) Verificar la veracidad del conjunto solución. Comprobación.

El ser (A, B) equivalente a (A', B'), entonces, el sistema inicial y el sistema de la etapa II) son equivalentes. Lo que garantiza que sus conjuntos solución son iguales.

Ejemplo 4: Determinar el conjunto solución.

$$\begin{cases} x_1 & - & x_2 & + & 2x_3 & = & 3 \\ x_1 & + & x_2 & - & 3x_3 & = & 2 \\ 2x_1 & - & 2x_2 & - & x_3 & = & 1 \end{cases}$$

Matriz (A, B) = $\left(\begin{array}{ccc|c} 1 & -1 & 2 & 3 \\ 1 & 1 & -3 & 2 \\ 2 & -2 & -1 & 1 \end{array}\right)$

Reducir a la matriz escalón,

$F_2 \to F_1 - F_2$
$F_3 \to F_2 - 2F_1$

Matriz $(\mathrm{A}', \mathrm{B}')$ = $\left(\begin{array}{ccc|c} 1 & -1 & 2 & 3 \\ 0 & -2 & 5 & 1 \\ 0 & 0 & -5 & -5 \end{array}\right)$

SEL equivalente:

$$\begin{aligned} x_1 - x_2 + 2x_3 &= 3 \quad (1) \\ -2x_2 + 5x_3 &= 1 \quad (2) \\ -5x_3 &= -5 \quad (3) \end{aligned}$$

De (3) $\mathbf{x_3 = 1}$

Sustituyendo en (2) $-2x_2 = -4 \rightarrow \mathbf{x_2 = 2}$

Sustituyendo en (1) $x_1 = 3+2-2 \rightarrow \mathbf{x_1 = 3}$

Comprobación: A X = B $\rightarrow \begin{pmatrix} 1 & -1 & 2 \\ 1 & 1 & -3 \\ 2 & -2 & -1 \end{pmatrix} \begin{pmatrix} 3 \\ 2 \\ 1 \end{pmatrix} = \begin{pmatrix} 3 \\ 2 \\ 1 \end{pmatrix}$

Conjunto solución S = $\{(x_1, x_2, x_3) \in \Re^3 : x_1 = 3, x_2 = 2, x_3 = 1\}$

Observemos que el ejemplo puede ser resulto por el método de la matriz inversa. Dado que la matriz del sistema A es cuadrada, no singular, det(A) ≠ 0.

Como muestra el conjunto solución, el sistema tiene solución única.

Ejemplo 5: Determinar el conjunto solución.

$$\begin{cases} x_1 & + & 2x_2 & - & x_3 & = & 2 \\ x_1 & - & x_2 & + & 2x_3 & = & 4 \\ & & 3x_2 & - & 3x_3 & = & -2 \end{cases}$$

Matriz (A, B) = $\left(\begin{array}{ccc|c} 1 & 2 & -1 & 2 \\ 1 & -1 & 2 & 4 \\ & 3 & -3 & -2 \end{array}\right)$

Reducir a la matriz escalón,

Matriz (A', B') = $\left(\begin{array}{ccc|c} 1 & 2 & -1 & 2 \\ 0 & -3 & 3 & 2 \\ 0 & 0 & 0 & 0 \end{array}\right)$

SEL equivalente:

$$x_1 + 2x_2 - x_3 = 2 \quad (1)$$
$$-3x_2 + 3x_3 = 2 \quad (2)$$

De (2) $\mathbf{x_3 = 2/3 + x_2}$, x_2 (Variable Libre)

Sustituyendo en (1) $x_1 = 2 - 2x_2 + 2/3 + x_2$

$\mathbf{x_1 = 8/3 - x_2}$

Conjunto solución S = $\{(x_1, x_2, x_3) \in \Re^3 : x_1 = 8/3 - x_2, x_3 = 2/3 + x_2; \; x_2 \in R\}$

Observemos que el ejemplo no puede ser resulto por el método de la matriz inversa. Dado, que la matriz del sistema, A es cuadrada, pero singular, det(A) = 0.

Como muestra el conjunto solución el sistema tiene infinitas soluciones. La variable libre, muestra que para todo valor de la incógnita, $x_2 \in R$., obtenemos nuevos valores para las incógnitas x_1, x_3.

Por ejemplo para $x_2 = 0$, $x_1 = 8/3$, $x_3 = 2/3$,

Comprobación: A X = B $\rightarrow \begin{pmatrix} 1 & 2 & -1 \\ 1 & -1 & 2 \\ & 3 & -3 \end{pmatrix} \begin{pmatrix} \frac{8}{3} \\ 0 \\ \frac{2}{3} \end{pmatrix} = \begin{pmatrix} 2 \\ 4 \\ -2 \end{pmatrix}$

Ejemplo 6: Determinar el conjunto solución.

$$\begin{cases} x_1 & - & 2x_2 & - & 2x_3 & = & 1 \\ -x_1 & + & 2x_2 & + & 2x_3 & = & 3 \\ x_1 & + & x_2 & + & x_3 & = & 0 \end{cases}$$

Matriz (A, B) = $\left(\begin{array}{ccc|c} 1 & -2 & -2 & 1 \\ -1 & 2 & 2 & 3 \\ 1 & 1 & 1 & 0 \end{array}\right)$

Reducir a la matriz escalón,

Matriz (A', B') = $\left(\begin{array}{ccc|c} 1 & -2 & -2 & 1 \\ 0 & -3 & -3 & 1 \\ 0 & 0 & 0 & 4 \end{array}\right)$

SEL equivalente:

$$\begin{aligned} x_1 - 2x_2 - 2x_3 &= 1 \quad (1) \\ -3x_2 - 3x_3 &= 1 \quad (2) \\ 0 &= 4 \quad (3) \end{aligned}$$

La trecera ecuación muestra que el sistema no tiene solución, dado que la igual no se satisface, entonces,

Conjunto solución S = ∅, vacio.

Los ejemplos 4,5 y 6, permiten el análisis siguiente:

En los tres ejemplos A es una matriz cuadrada, podemos calcular el determinante:

- Ejemplo 4, det(A) ≠ 0, solución única.
- Ejemplos 5 y 6, det(A) = 0. En 5 infinitas soluciones, en 6 no tiene solución.

El cálculo del determinante no es suficiente para el estudio del conjunto solución de sistemas con matriz A cuadrada. En sistemas con la matriz A, rectángular, no es aplicable.

Esta situación fue resulta, por el teorema de Kronecker-Capelli (también conocido como teorema Rouche-Frobenius).

Los resultados de este teorema permiten clasificar los SEL por su conjunto solución:

- **Existe solución**, SEL **compatible:** solución única SEL **compatible determinado,** infinitas soluciones SEL **compatible indeterminado.**
- **No existe solución,** SEL **incompatible.**

El siguiente diagrama presenta la clasificación de los SEL por la matriz B y su conjunto solución. Los resultados que presenta el teorema de Kronecker-Capelli.

r(A)- rango de la matriz del sistema.

r(A, B)- rango matriz ampliada (la matriz A juntoa la matriz B).

n- número de incógnitas del sistema.

n_o- número de variables libres (no. V.L)

Clasificación de los SEL.

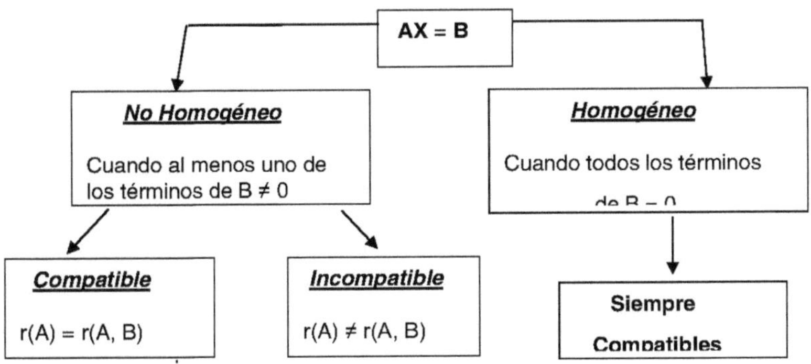

Volviendo a los ejemplos 4, 5 y 6. Aplicamos el teorema de Kronecker-Capelli.

Ejemplo 4: r(A) = 3, r(A,B) = 3; r(A) = r(A,B) = n, 3 = 3 = 3; no. de V.L, V.L = 3-3 =0; COMPATIBLE DETERMINADO.

Ejemplo 5: r(A) = 2, r(A,B) = 2; r(A) = r(A,B) < n; 2 = 2 < 3; n – r(A) = no. de V.L, V.L = 3-2 =1; COMPATIBLE INDETERMINADO.

Ejemplo 6: r(A) = 2, r(A,B) = 3; r(A) ≠ r(A,B), 2 ≠ 3; INCOMPATIBLE.

Proponemos a los lectores reproducir y analizar los ejemplos 4, 5, 6, al aplicar el teorema de Kronecker-Capelli.

Los sistemas de ecuaciones lineales no homogéneos compatibles indeterminados, su solución puede ser expresada como la suma de dos vectores columnas de la forma S = X_P + X_H, donde el vector X_P es una solución particular del sistema no homogéneo y el vector X_H es la solución general del homogéneo asociado.

Ejemplo 7: Estudiar el conjunto solución.

I.
$$\begin{cases} x_1 + x_2 - 2x_3 = 4 \\ 2x_1 - x_2 + x_3 = 6 \\ 5x_1 + 2x_2 - 5x_3 = 18 \end{cases}$$

$$\left(\begin{array}{ccc|c} 1 & 1 & -2 & 4 \\ 2 & -2 & 1 & 6 \\ 5 & 2 & -5 & 18 \end{array}\right) \sim \left(\begin{array}{ccc|c} 1 & 1 & -2 & 4 \\ 0 & -3 & 5 & -2 \\ 0 & -3 & 5 & -2 \end{array}\right) \sim \left(\begin{array}{ccc|c} 1 & 1 & -2 & 4 \\ 0 & -3 & 5 & -2 \\ 0 & 0 & 0 & 0 \end{array}\right)$$

n = 3

r(A) = r(A/B) = 2 < 3, SEL compatible indeterminado, n – r(A) = 3 - 2 = 1 (V.L)

$$x_1 + x_2 - 2x_3 = 4$$
$$-3x_2 + 5x_3 = -2$$

x_3 = -2/5 + 3/5x_2

$x_1 = 4 - x_2 - 2(-2/5 + 3/5x_2)$

x_1 = 16/5 + 1/5x_2

Conjunto solución S = {(x_1, x_2, x_3) ∈ $\Re^3$: x_1 = 16/5 +1/5 x_2, x_3 = - 2/5 + 3/5 x_2; x_2 ∈ R}

Bibliografía.

Amelkin. I (1998): Ecuaciones Diferenciales y ecuaciones a la Práctica. Editorial Nauka.

Blanco. A y Colectivo (2004): Matemática Numérica. Editorial Félix Varela.

Bronshtein. I, Semediaev. K (1990): Manual de Matemática para Ingenieros y Estudiantes. Editorial Nauka.

Krosnov. A y Colectivo (1990): Curso de Matemáticas Superiores para ingenieros. Vol I, II. Editorial Mir.

Zill. G. D (2009): Ecuaciones diferenciales con aplicaciones de modelos. Cengage Learning, México.

Otero. A y Colectivo (2018): Elementos de Álgebra Lineal y Geometría del Plano para Ingenieros. Editorial Científica, 3Ciencias.ISBN:978-84-949151-7-8.

Stewart. J (2008): Calculo de varias variables. Cangage Learnig, México.

Printed by Books on Demand GmbH, Norderstedt / Germany